地球那些重要的事

蒋庆利 主编

为儿童量身打造的地球探索百科

吉林出版集团股份有限公司 | 全国百佳图书出版单位

行星地球

地球上的水

气候和天气

岩石与矿物

生命王国

8 人类与地球

行星地球

地球是目前已知的唯一存在生命的星球，它是太阳系中的一颗行星。

茫茫宇宙

自古以来，人类就对茫茫宇宙充满了好奇，探索宇宙的脚步也未曾停歇。让我们来见识一下宇宙吧！

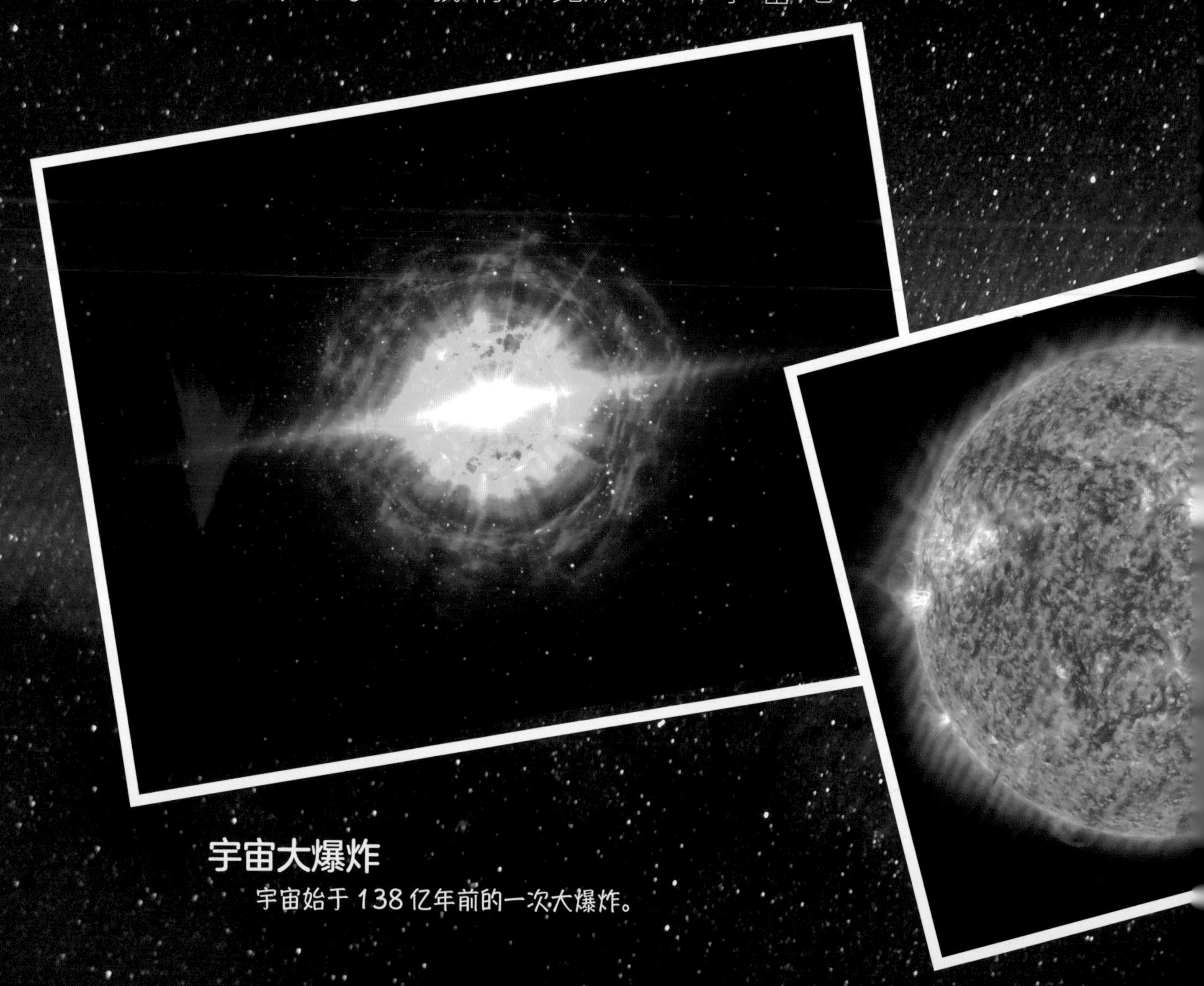

宇宙大爆炸

宇宙始于 138 亿年前的一次大爆炸。

恒星

恒星是会发光发亮的天体，如太阳。

银河系

银河系是一个恒星聚集的系统，太阳系就在其中。

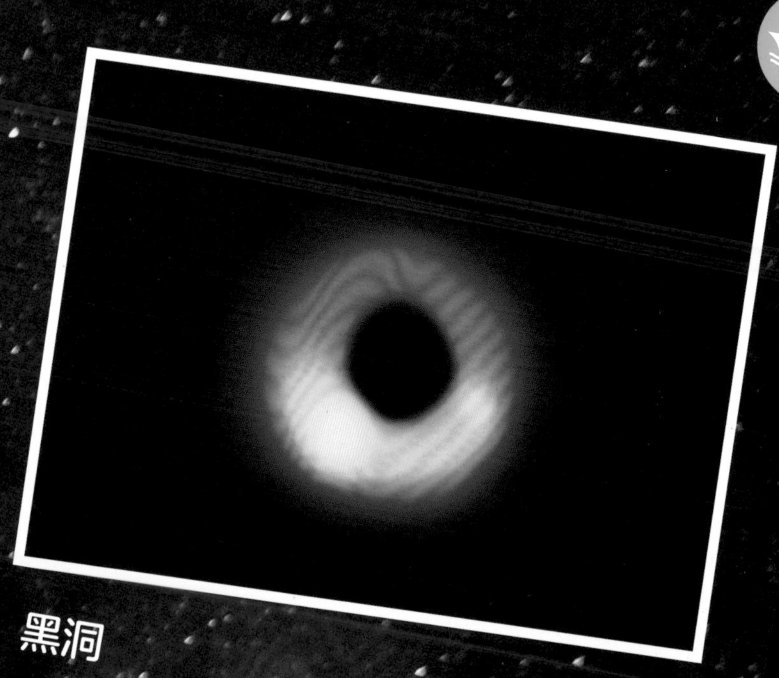

黑洞

黑洞是一个有着强大引力的天体，至今仍是一个谜。

星云

星云主要由气体和尘埃构成，有很多形状，如鹰状星云。

八大行星

木星

木星是八大行星中体积最大的一个。

水星

距离太阳最近，也是最小的一颗行星。

地球

地球是人类的家园。

金星

金星又被称为地球的“姐妹星”。

火星

火星基本上是一个沙漠行星，到处都是沙丘和砾石。

天王星

天王星喜欢横躺着绕太阳公转。

海王星

海王星有着淡蓝色的外衣，是距离太阳最远的行星。

土星

土星有一个非常漂亮的行星光环。

太阳对地球的影响

地球是太阳系的一颗星球，每分每秒都受到太阳的影响。太阳会影响地球的哪些方面呢？

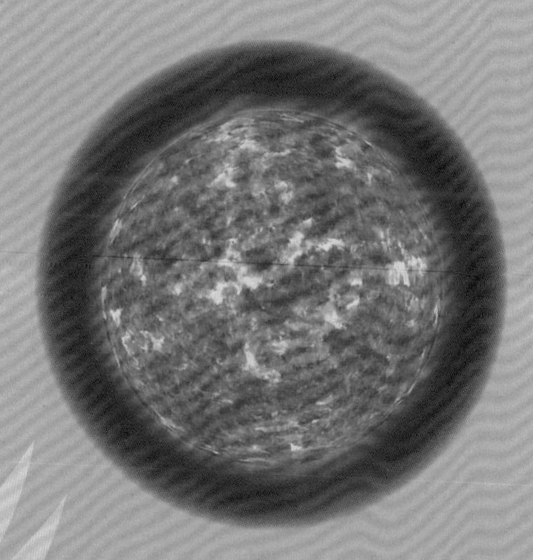

太阳

太阳是由炽热的气体组成的，它在不断地发光发热。

太阳为地球提供了源源不断的能量，人们还学会了利用太阳能。

在北极出现的美丽极光是由太阳活动引起的。

太阳还为地球提供了化石能源，如煤炭、石油等。

太阳辐射可以促进植物生长。

昼和夜

地球在不停地绕着太阳转动，太阳照到的地方就是白天，照不到的地方就是黑夜。

白天活动

包括我们人类在内的灵长类动物以及蝴蝶等都喜欢在白天活动，属于昼行性动物。

早上，小朋友们开启一天的生活。

夜晚活动

还有一类动物在夜间活动，白天休息，即夜行性动物，如蝙蝠、萤火虫等。

我在夜间出行。

蝙蝠

我在夜间捕食昆虫。

夜鹰

晚上，太阳下山了，小朋友们该休息了。

地球的卫星——月球

我们晚上看到的月亮就是月球，它是地球的天然卫星。

美国宇航员在探索月球。

1969 年美国宇航员第一次登上月球，留下了人类的第一个脚印。

科学家发现，月球上也有山脉和丘陵。

月球表面布满了陨石坑。

了解地球内部

地球外部我们可以看到，那它的内部是什么样子的呢？

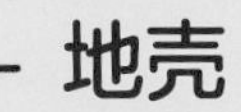

地壳

　　地壳是地球固体圈层的最外层，主要由岩石构成。

地幔

　　地幔这一层温度较高，可能是岩浆的发源地。

外核

　　地球外核的物质是液态的。

内核

　　这是地球最核心的部分。

移动的板块

地球有六大板块：太平洋板块、亚欧板块、非洲板块、美洲板块、印度洋板块和南极洲板块。地球在不停地转动，这些板块也会慢慢移动。

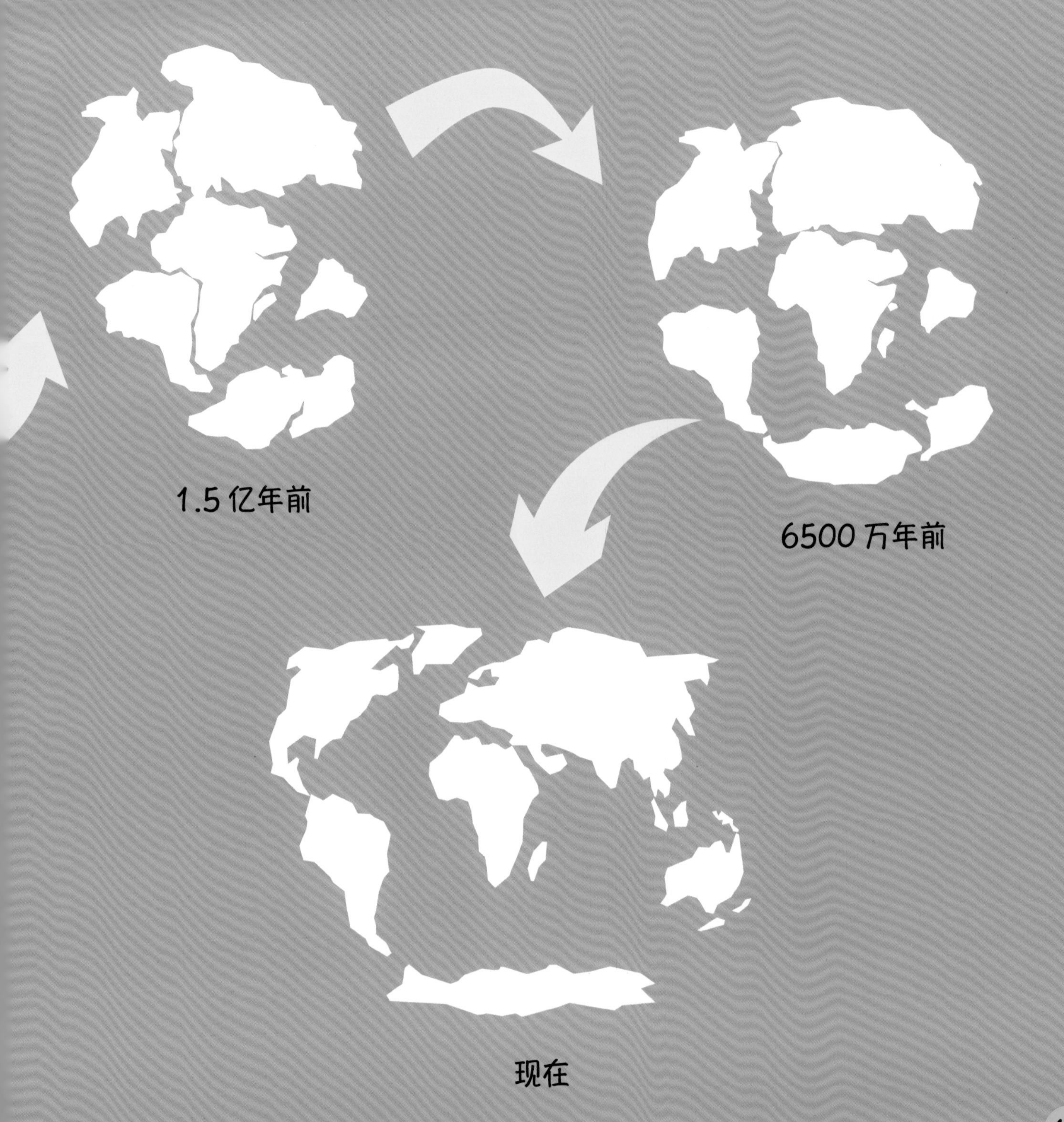
1.5 亿年前
6500 万年前
现在

断层

在地壳运动的过程中，岩层可能会因发生断裂而错位，我们将其称为断层。相对上升的岩块成为山地，下降的岩块成为裂谷。

断层常常形成陡峭的悬崖或巨大的裂谷

我国华山的大断崖，被称为“天下第一险”。

东非大裂谷是因地壳发生大断层而形成的，它像地球上的一个大伤疤。

断层发生的地方，岩层遭到破坏，容易被风化侵蚀。

断层可能会引发大地震。

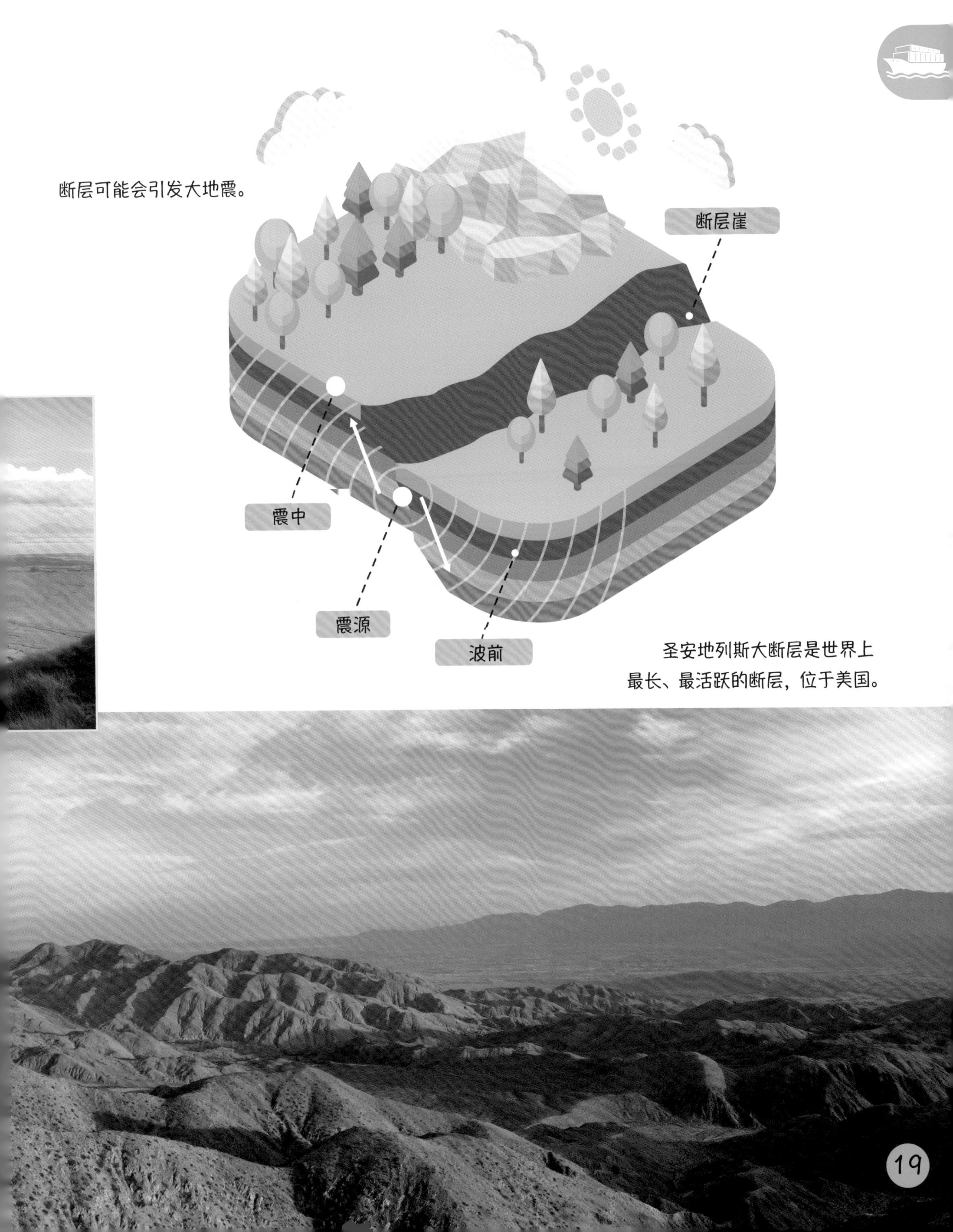

圣安地列斯大断层是世界上最长、最活跃的断层，位于美国。

地震

地震来临的时候，它的冲击波使地面摇动，建筑物倒塌，给人们带来灾难。

两个板块的边界或边界附近发生滑动，造成了路面断裂。

地震使得一些建筑物坍塌。

搜救犬发现了被埋的伤员。

地震来临时，要尽力跑到开阔的地方。跑不出去时，要躲在坚硬物体的下边。

汶川地震

汶川地震是我国近些年来破坏力最大的地震。

火山

火山是一种地貌形态，有的火山还在喷发，有的火山正在休眠，还有的火山已经失去了活动能力。

死火山

死火山是有史以来没有活跃过的火山。

休眠火山

休眠火山是曾经喷发过，后来长期处于相对静止状态的火山。

活火山

活火山是正在喷发或者可能会再次喷发的火山。

长白山

长白山是我国著名的休眠火山。

火山岛

火山岛是火山喷发出来的物质堆积成的岛。

地球上的水

水是生命之源，没有水就没有生命。地球因为有水，才成为一个生机勃勃的星球。

水

水是无色无味的透明液体，它是生活中最常见的物质，我们的生活离不开它。

水有三种形态：气态、固态、液态。

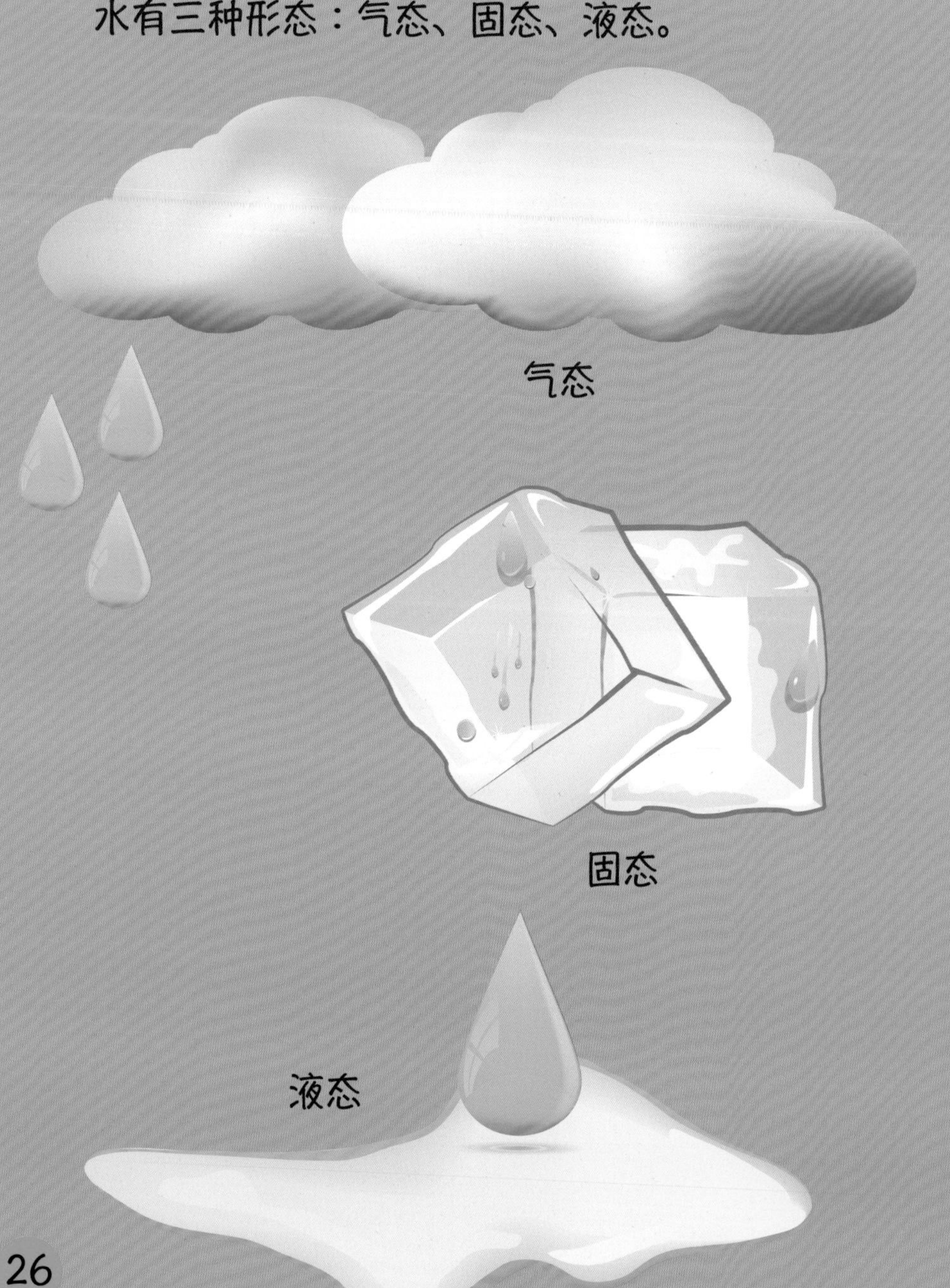

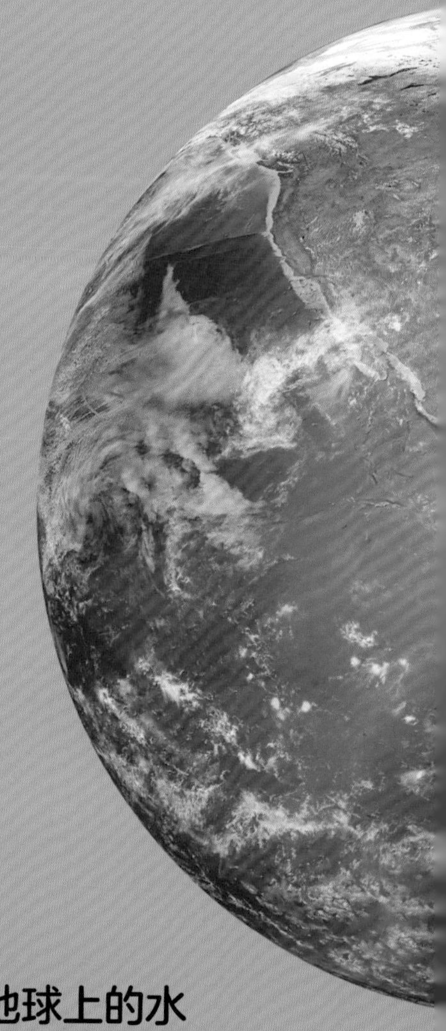

地球上的水

地球是一个大水球，70% 以上都被水所覆盖。

地表水

地表水是陆地表面的水，有河流、湖泊、沼泽等。

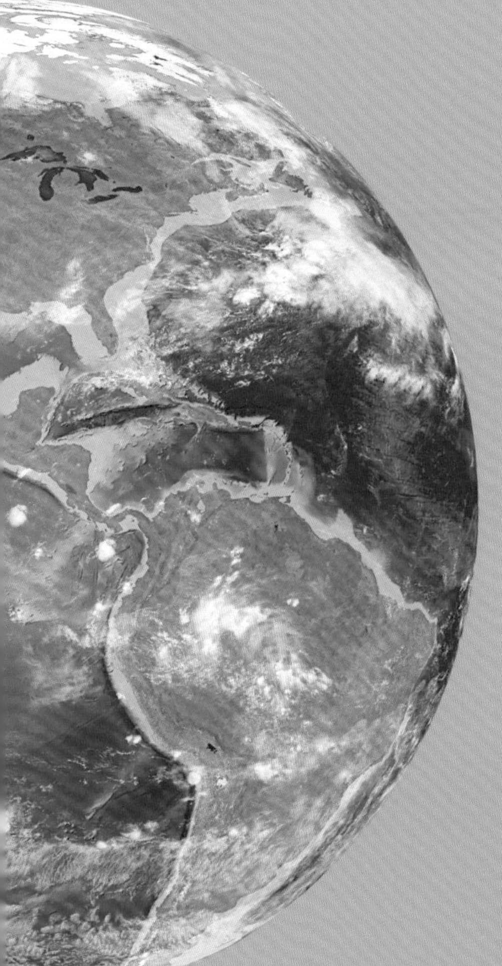

冰川水

冰川水是地表重要的淡水资源。

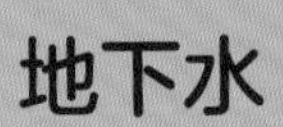

地下水

地下水是储存在地面以下的水，是农业灌溉和城市用水的主要来源之一。

河流

河流是地面上的天然水道，一般发源于高山上，并向低处流去，最终流入湖泊或大海。

黄河

黄河是我们的母亲河。

尼罗河

尼罗河是世界上最长的河流。

长江

长江是亚洲第一长河。

多瑙河

多瑙河流经了九个国家，是世界上著名的河流之一。

亚马孙河

亚马孙河是世界上水流量最大的河。

湖泊

世界上每个大洲都有湖泊分布，有的在海拔很高的高原上，有的在地下很深的地方。

纳木错

纳木错是海拔最高的湖泊，位于我国西藏。

贝加尔湖

贝加尔湖是世界上最深的湖泊。

的的喀喀湖

的的喀喀湖位于南美洲，湖上浮动着用芦苇建造的村庄。

里海

里海不是海，它是世界上最大的咸水湖。

纳库鲁湖

纳库鲁湖位于非洲大裂谷，那里有几百万只火烈鸟，被称为“观鸟天堂”。

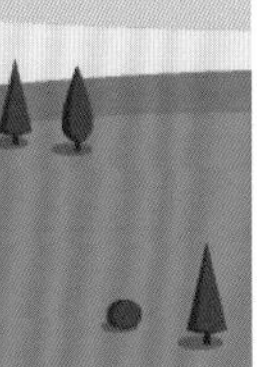

瀑布

瀑布是河水流经断层、凹陷地区时，从高空垂直落下的现象，远远看上去像吊垂的布一样。

黄果树瀑布

壶口瀑布

壶口瀑布是世界上最大的黄色瀑布，它是我国黄河上的瀑布。

尼亚加拉大瀑布

尼亚加拉大瀑布是世界三大跨国瀑布之一，非常令人震撼。

伊瓜苏大瀑布

伊瓜苏大瀑布是世界上最宽的瀑布。

安赫尔瀑布

安赫尔瀑布是世界上落差最大的瀑布。

海洋奥秘

浩瀚深邃的海洋蕴藏着数不清的秘密，吸引着人们去探索。

海和洋

海是接近海岸的部分，洋是海洋的中间部分。海和洋构成了海洋。

死海

死海是一个盐湖，浮力大，不会游泳的人也可以漂浮在上边。

海沟

海沟是狭长的、两侧较陡的海底凹地。

大海的颜色

从浅海到深海，大海的蓝色逐渐加深。

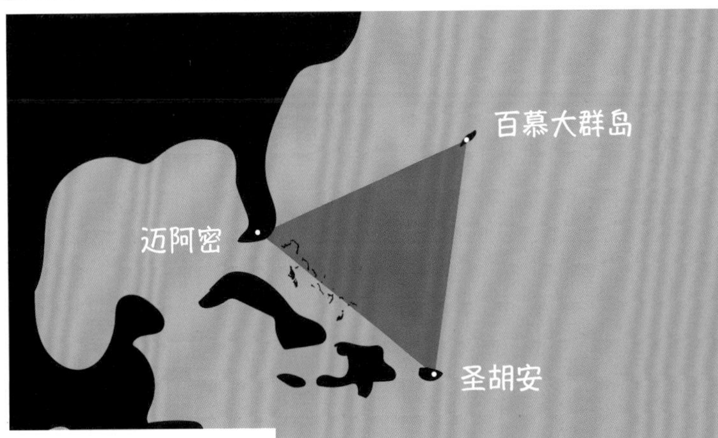

百慕大三角

百慕大三角发生过很多离奇失踪的事件，成了神秘的代名词。

冰山

冰山是海洋中漂动的大块冰体，是轮船的克星。

太平洋

太平洋是世界上最大、最深，以及岛屿最多的大洋。

圣莫尼卡湾是太平洋著名的海岸景点，位于美国的加利福尼亚州。

矿产资源丰富：太平洋上的石油钻机平台。

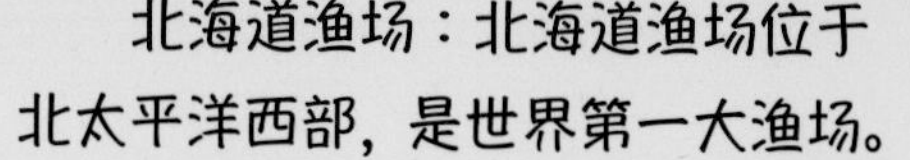

北海道渔场：北海道渔场位于北太平洋西部，是世界第一大渔场。

马六甲海峡连接太平洋和印度洋，是世界上最繁忙的航运通道。

太平洋上岛屿众多，有两万多个。

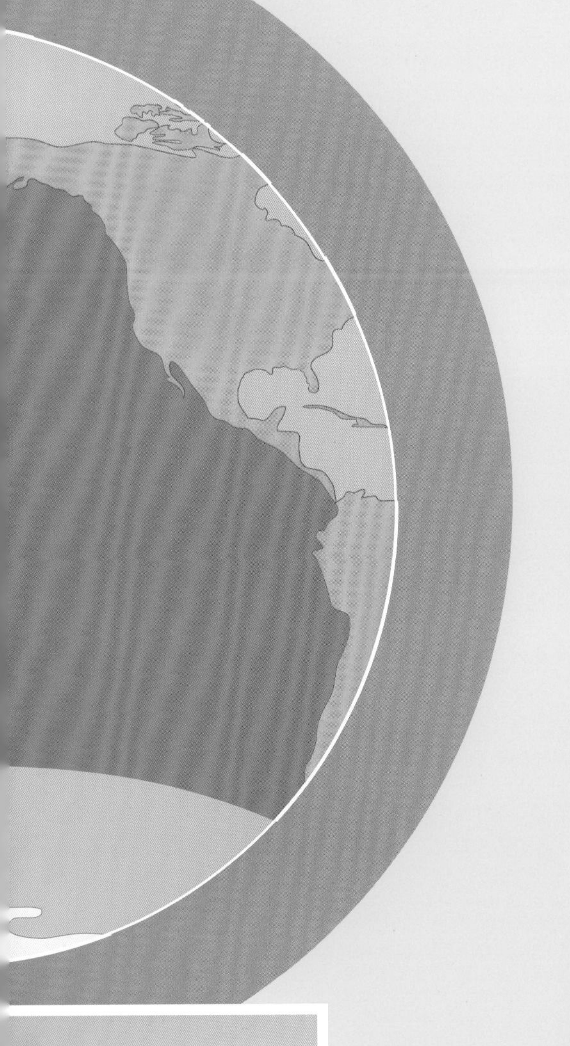

马里亚纳海沟是地球上最深的海沟，位于北太平洋西部。

大西洋

大西洋是世界第二大洋，呈“S”形。

繁忙的奥克特维尔港口。

大西洋海滨公路位于挪威西部。行驶在公路上可以欣赏大西洋的美丽景色。

丰富的鱼类资源

大西洋的主要鱼类有鲱鱼、北鳕鱼、比目鱼、金枪鱼、鲑鱼等。

北海渔场

大西洋上分布着大大小小的火山岛。

纽芬兰渔场

印度洋

印度洋是世界第三大洋，大部分地区位于热带和亚热带，也被称为“热带海洋”。

普拉兰岛是西印度洋上的著名岛屿，自然环境优美，吸引了大量游客。

在印度洋北部的马尔代夫群岛上，有很多像翡翠一样的岛屿，风景秀丽。

印度洋盛产热带、亚热带等地特有的观赏鱼。

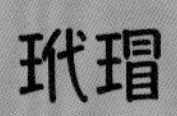

玳瑁

霍尔木兹海峡

霍尔木兹海峡是印度洋航线上的重要海峡，主要用来运输石油，也被称为“石油海峡”。

北冰洋

北冰洋位于地球的最北端，这里气候寒冷，洋面上常年被冰层覆盖，因此而得名。

在北冰洋地区，有时候夜间会出现灿烂美丽的光辉，这就是极光。

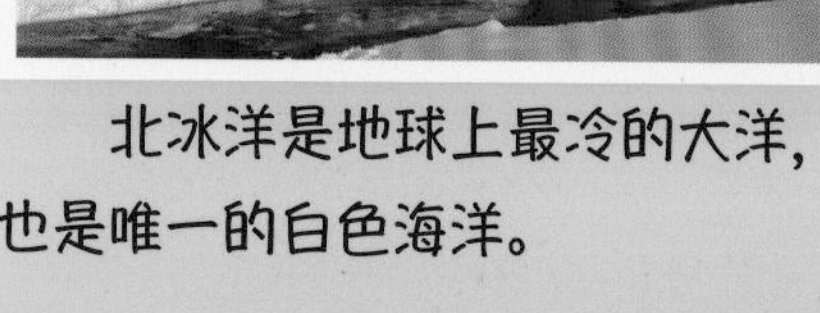

北冰洋是地球上最冷的大洋，也是唯一的白色海洋。

雷克雅未克是大西洋和北冰洋交汇处的港口城市。

浮冰

北极熊是北极的象征。

北极狐

北冰洋的海冰不利于船只通行，人类需要借助潜艇开展水下活动。

南冰洋

南冰洋是第五个被确定的大洋，也是唯一完全环绕地球却未被大陆分割的大洋。

南冰洋是地球上风力最大、最危险的大洋。

人们可利用来自南冰洋的大风进行环球帆船赛。

南极特有的物种。

德尔氏海豹主要分布在南极洲沿岸附近的海域。

企鹅是南极的主人。

海洋探索与开发

人类很早就对海洋有很强的探索欲望，如郑和下西洋，麦哲伦环球航行。如今，开发海洋成了人们的共识。

郑和下西洋

郑和下西洋从中国出发，穿过西太平洋和印度洋，到达了东非和红海。

麦哲伦环球航行

麦哲伦船队的环球航行证明了地球是个圆球。

水肺潜水

水肺可以给潜水员提供空气补给，延长潜水时间。

海水淡化

海水淡化不仅给人们提供了宝贵的淡水资源，还带来了大量的食用盐。

海上机场

海上机场是人们在海洋中建造的机场，建设成本高。

“蛟龙号”

“蛟龙号”是我国自主研发的载人潜水器，可以自动航行。

海洋资源

海洋资源是在海水或海洋中形成和存在的资源，种类繁多、储量丰富，给人类社会做出了重要贡献。

海盐

海底石油

海底蕴藏着丰富的石油资源，近些年海上原油产量不断增加。

旅游资源

海洋有着独特的风光、宜人的气候，为游客提供了丰富多彩的旅游活动。

潮汐能

锰结核

锰结核是躺在海底的矿产资源。

可燃冰

深海沉积物中的可燃冰看起来像冰块一样，可以直接被点燃。

滨海砂矿

海洋生物

海洋生物是海洋里所有有生命的物种的总称，包括海洋植物、海洋动物、微生物等。

虎鲸
虎鲸是海洋哺乳动物。
海胆
海蛇
海螺

潮汐

涨潮时，海水迅猛上涨；退潮时，上涨的海水又自行退去。海水的这种运动现象就是潮汐。

加拿大东海岸的芬迪湾有着世界上最大的潮幅，高潮与低潮相差可达 17 米！

高潮时的好望石

低潮时的好望石

著名的钱塘江大潮

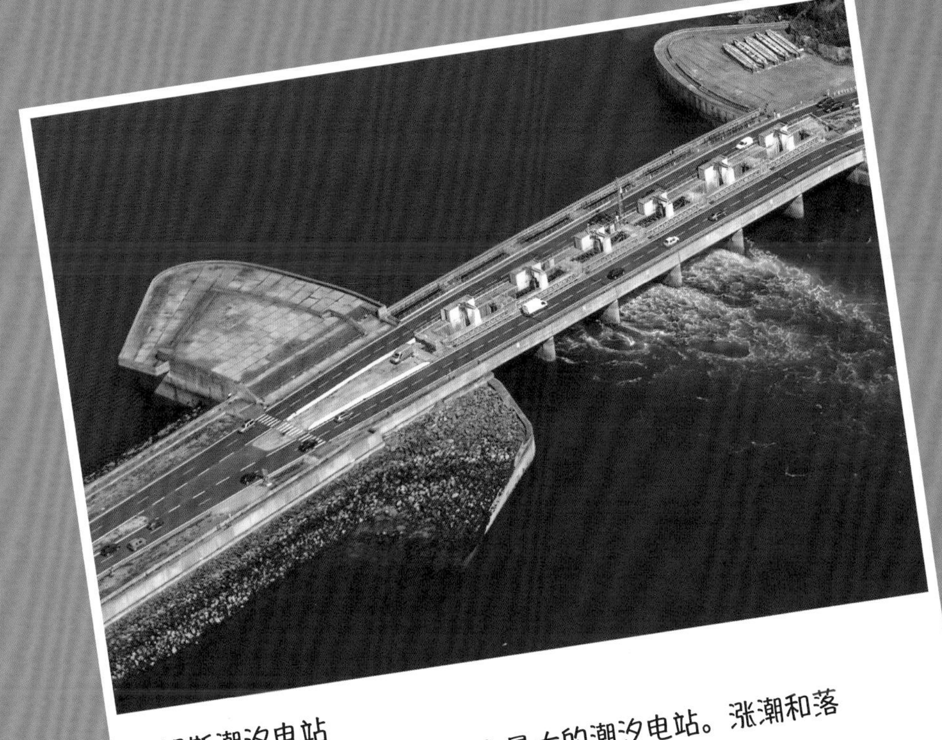

朗斯潮汐电站

朗斯潮汐电站是世界上最大的潮汐电站。涨潮和落潮之间产生的能量，可以用来发电。

在一些港口，巨大的涨潮会危及沿岸城镇，因此人们就建造了防潮闸。防潮闸可在需要时关闭，以阻挡潮水的进入。

泰晤士河防潮闸

海啸

海啸是一种灾害性海浪，它能在短时间内频繁冲击沿岸地区，给沿岸居民带来灾难。

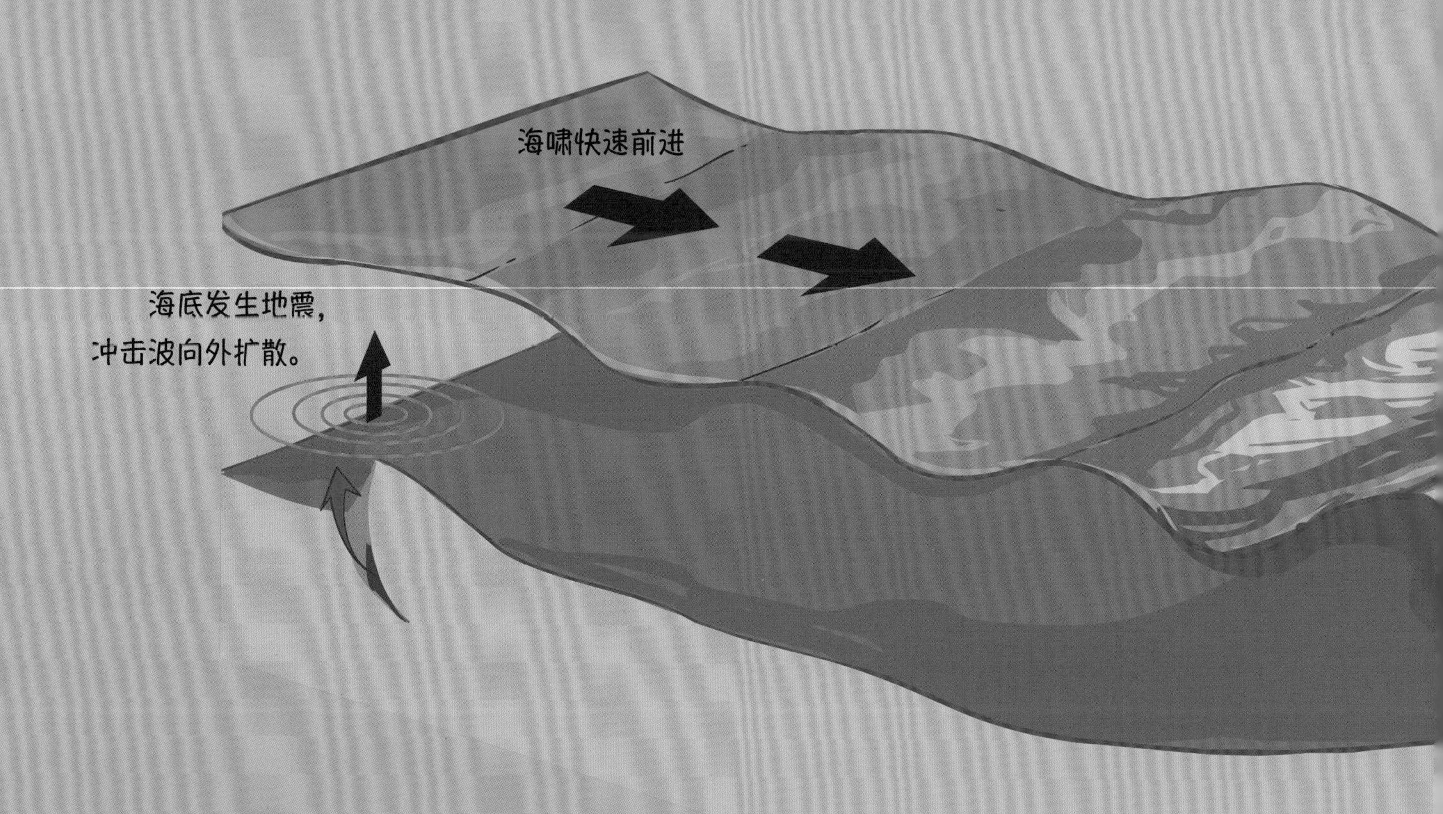

海啸可以摧毁沿海的小城镇。

被海啸摧毁的房屋

日本福岛海啸之后，到处一片狼藉。

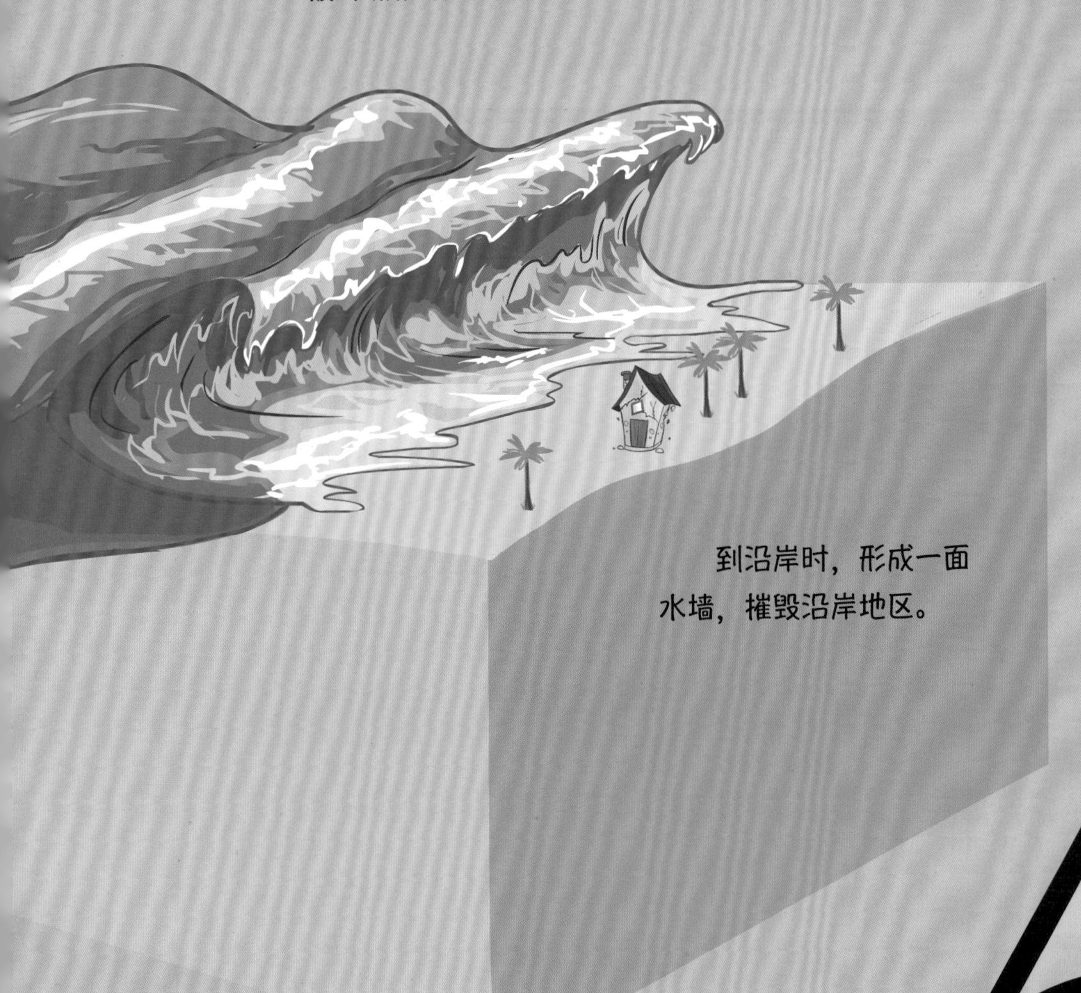

到沿岸时，形成一面水墙，摧毁沿岸地区。

这是海啸危险的标志，看到它的时候要快速撤离海岸。

海洋哭了

近几十年来，随着人类社会工业的迅速发展，灾难性污染事件频发，海洋污染越来越严重。保护海洋，刻不容缓。

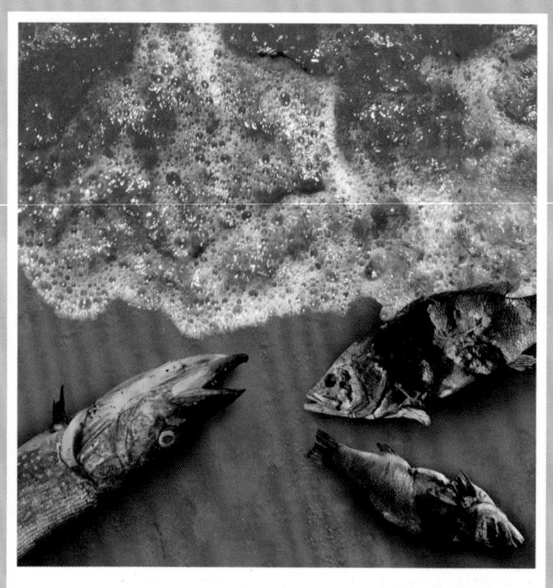

发生赤潮的海水黏稠、有臭味，导致鱼虾因呼吸困难而死亡。

每年排入海洋的石油污染物约有 1000 万吨。

沿海核设施的排放物、沿海核事故等都会造成放射性污染。

塑料被一些海洋动物误食，会造成动物死亡。

水体温度增高给一些海洋生物带来了致命灾难。

世界海洋日

第 63 届联合国大会上将每年的 6 月 8 日定为了“世界海洋日”。首个世界海洋日的主题为“我们的海洋，我们的责任”。

气候和天气

天气是指某一地区大气层在较短时间内的具体状态，气候则是各种天气过程的综合表现，二者与人们的生活息息相关。

热带

在地球上，南北回归线之间的地带被称为热带。热带位于赤道附近，气候炎热。

热带典型的动植物

大王花

大王花是世界上个头最大的花。

热带沙漠气候全年干旱少雨。

热带草原气候

热带草原气候有着明显的旱季和雨季。

热带雨林气候

热带雨林气候全年高温多雨。

亚热带

亚热带靠近热带，夏季高温，冬季温和，一般位于温带靠近热带的地区。

地中海气候冬季温和多雨，夏季炎热干燥。

亚热带季风气候夏季高温多雨，冬季温和少雨。

亚热带植物

甘蔗是我国南方常见的一种经济作物。

鸡蛋花是亚热带地区常见的一种植物，因像鸡蛋而得名。

亚热带草原气候降水较少。

温带

温带的四季气温变化分明，冬、夏两季温差较大。

温带大陆性气候

羊是温带草原上常见的动物。

温带海洋性气候

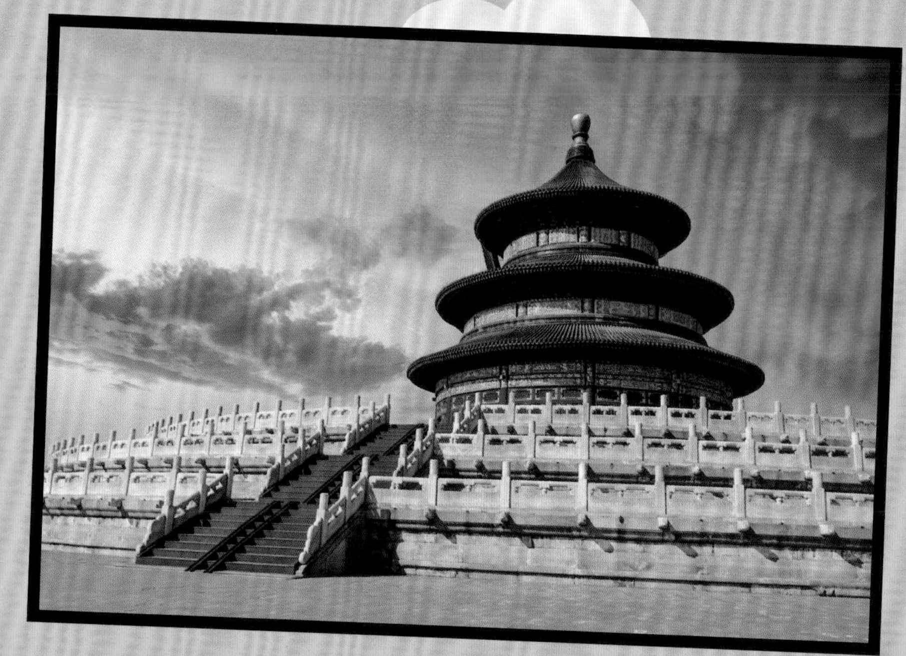

温带季风气候

温带动植物

白杨树是典型的温带植物，春天发芽，秋天落叶。

寒带

寒带是地球上纬度较高的地带，因为接收到的太阳光较少，所以终年寒冷。

寒带植被稀少。

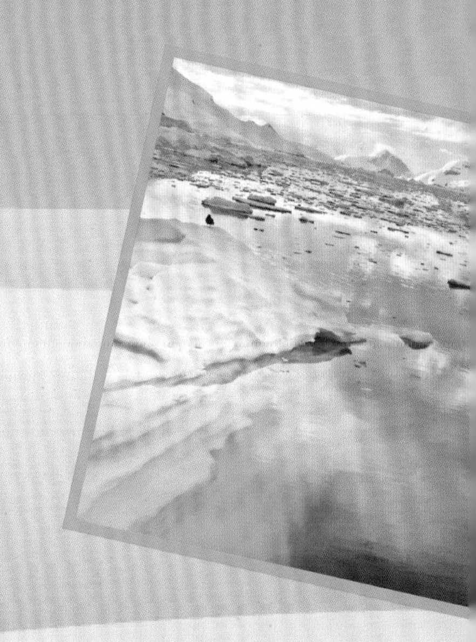

南极位于地球的最南边，风大且寒冷。

南极企鹅

企鹅是南极的主人。

北极位于地球的最北边，非常寒冷。

因纽特人

因纽特人是北极居民，耐严寒，住冰屋。

春夏秋冬

地球在绕着太阳不停地转动，各地受到的光照是不同的，这就产生了季节的变化。

（注：这里的春夏秋冬以我国为例。）

春天

春天，万物复苏，这是一个充满希望的季节。

夏天

夏天，各种昆虫和小动物都忙碌起来了。

秋天

秋天，树上的果子成熟了，这是一个收获的季节。

冬天

冬天，一些小动物因为怕冷选择了冬眠。

天气预报

随着科技的进步，天气预报已经变得越来越精确，让我们的生活变得非常便利。

20℃

我们在天气预报中，还能看到温度。

雷电发生时，我们要尽量避免出门。

洪水

洪水是自然灾害的一种，它能淹没村庄，冲毁街道，给人们带来灾难。

洪水引发泥石流

台风会在短时间内带来大暴雨，造成洪水灾害。

闪电

闪电是在云和云之间、云和地之间的强烈放电现象，常发生在积雨云中。

闪电种类

线形闪电

线形闪电是我们最常见的一种闪电，它像一条分支很多的河流。

球状闪电

球状闪电像一个大圆球，很明亮

串珠状闪电

串珠状闪电是很少见的一种闪电，看起来像闪光的珍珠项链。

闪电的危害

闪电击中树木时，有可能引发森林火灾。

保护措施

避雷针可以让建筑物避免雷击。

台风

台风是发生在太平洋西部海洋和南海海上的热带气旋，是一种极强烈的风暴。

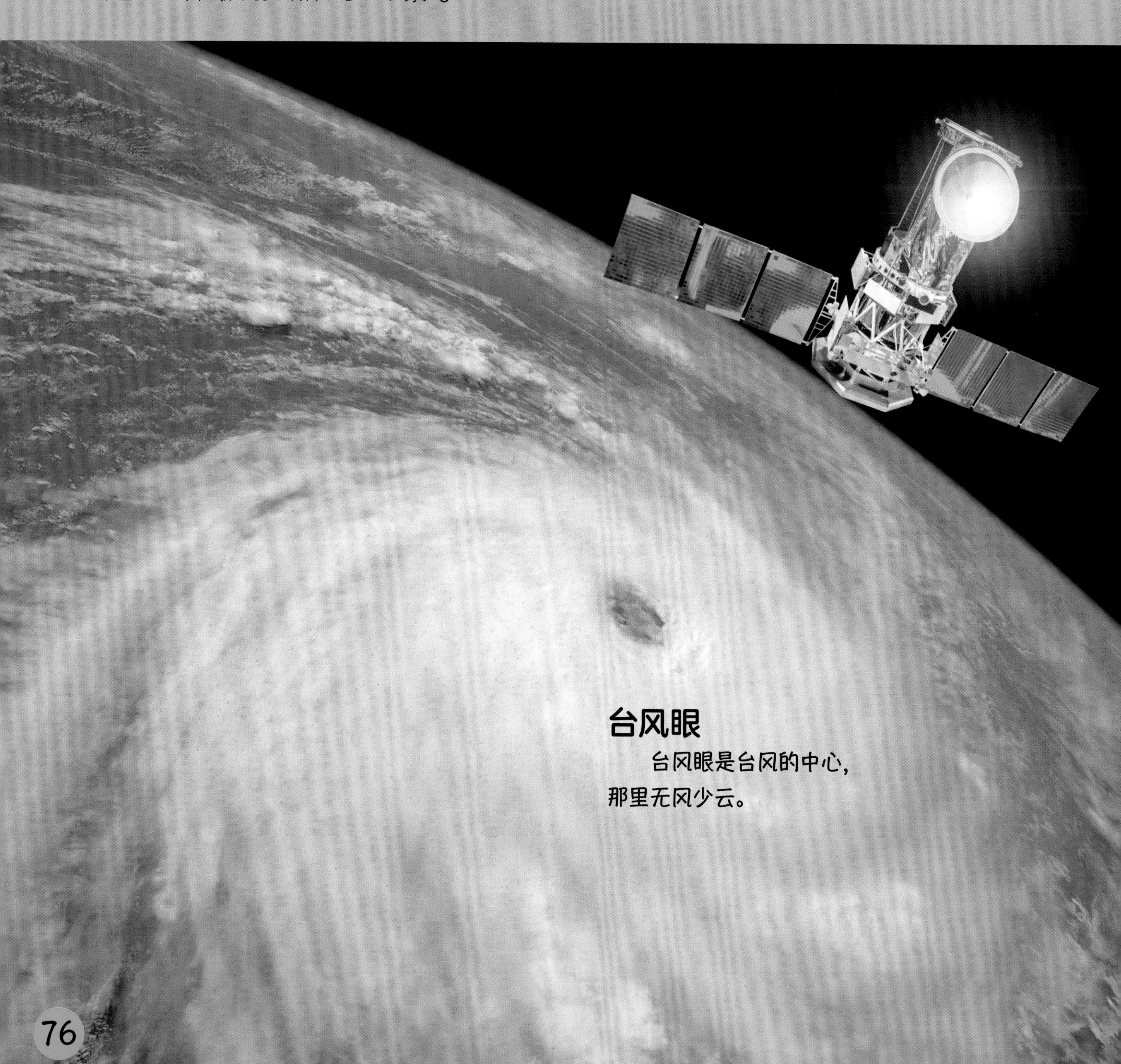

台风眼

台风眼是台风的中心，那里无风少云。

台风雨

台风会给登陆地区带来大面积降水。

被台风拔地而起的树木砸在了路边的汽车上。

台风过后，一片狼藉。

台风登陆的时候，人们要待在室内，减少外出。

形形色色的云

天空中的云姿态万千，有的姿态飘逸像羽毛，有的排列整齐像鱼鳞，有的堆积成团像棉球……

卷积云

卷积云的云块很小，排列整齐，像鱼鳞一样。

高层云

高层云有薄有厚，薄的云预示晴朗，厚的云预示阴雨雪。

火烧云

火烧云是日出或日落时出现的红色云霞，像火烧一样。

积雨云

积雨云比较厚，像个大馒头。

层积云

层积云的云块大而松散。

卷云

卷云可以出现在海拔6000 米以上的高空。

极端天气

近些年，极端天气越来越多了，保护我们的地球刻不容缓。

极端寒冷

极端高温

极端降水
极端干旱

岩石与矿物

地球上资源丰富，有各式各样的岩石和矿物，有些还对我们的生活有重要意义。

岩浆岩

岩浆岩也被称为“火成岩”，是岩浆喷出地表冷却后形成的岩石。

玄武岩

玄武岩质地坚硬，气孔多。

花岗岩

花岗岩抗风化，耐腐蚀，是最常见的一种岩石。

安山岩

安山岩有气孔，一般为灰色或淡紫色。

橄榄岩

橄榄岩上有深色粗粒。

流纹岩

流纹岩有玻璃光泽，多为灰色或砖红色。

沉积岩

沉积岩由地壳岩石经过风化后沉积而成，多呈层状，是地球表面分布较广的岩石。

砾岩

砾岩是指由圆状、次圆状砾石经胶结而成的一种碎屑岩。

砂岩

砂岩是砂粒含量占 50% 以上，其余为杂基或胶结物所组成的一种碎屑岩。

粉砂岩

粉砂占 50% 以上，其余为砂黏土或化学沉淀物的一种碎屑岩。

白云岩

主要由白云石组成的一种碳酸盐岩，有时杂有方解石、黏土矿物或石膏。

页岩

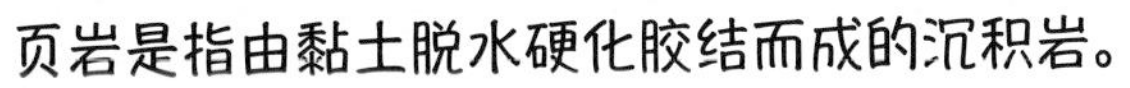

页岩是指由黏土脱水硬化胶结而成的沉积岩。

石灰岩

简称“灰岩”，俗称“青石”，是以方解石为主要矿物成分的碳酸盐岩。

变质岩

变质岩是火成岩、沉积岩受到高温、高压的影响，构造和成分上发生变化而形成的岩石。常见的变质岩有碎裂岩、角岩、片岩等。

板岩

板岩具有板状结构，可以用作建筑和装饰材料。

角岩

主要是由黏土岩、粉砂岩及火山凝灰岩等在岩浆侵入时受高温的影响变质而成的一种接触变质岩。

石英岩

石英岩有绿色、黄色、褐色等颜色。

片岩

具片状构造的变质岩，主要由片状或柱状矿物如云母、绿泥石、闪石等组成。

大理岩

大理岩因产于我国云南大理而得名。

角闪岩

角闪岩多呈绿黑色。

风蚀

风蚀就是风的侵蚀。在风的吹拂下，地表的物质形状会发生改变。

岩石被风吹成了蘑菇的形状，人们将它称为“风蚀蘑菇”。

雅丹地貌是典型的风蚀地貌。

风蚀城堡
风蚀洼地
风蚀拱门

峡谷

峡谷是一种谷坡陡峻，深度大于宽度的山谷。谷壁陡峭，由坚硬的岩石构成。

长江三峡是我国著名的峡谷，两岸奇峰陡立，风景秀美。

美国大峡谷是举世闻名的自然奇观，岩石多为红色。

雅鲁藏布江大峡谷的平均深度可达 5000 多米。

太行大峡谷

张家界大峡谷

自然元素

自然元素是地球上本身就存在的元素，它没有与其他元素发生结合，是单质矿物。

自然铂

自然铂有着金属光泽。

自然金

自然金非常稀有，形状主要有块状、颗粒状、树枝状等，颜色为金黄色。

自然硫

自然硫常出现在火山口或温泉附近。

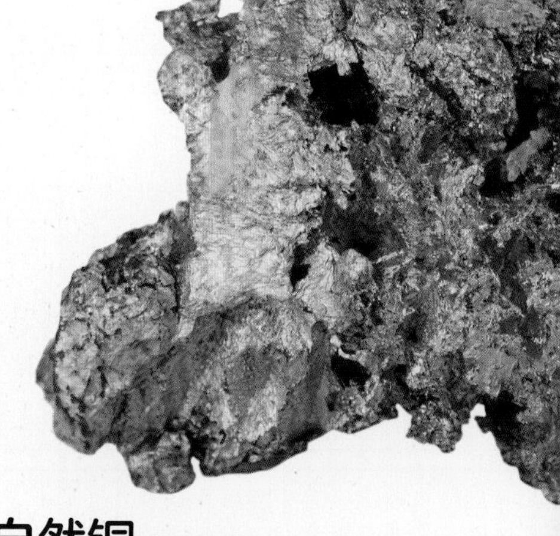

自然铜

自然铜的颜色为铜红色，氧化后颜色会变深。

自然锑

自然锑在空气中燃烧时，火焰为蓝绿色。

自然银

自然银呈银白色，暴露在空气中时会变色。

自然汞

常温下，自然汞以银白色液态存在。

认识矿物

矿物千姿百态，颜色多样，我们先来认识以下几种矿物吧！

蓝铜矿

蓝铜矿呈深蓝色，有着玻璃般的光泽。

淡红银矿

淡红银矿为鲜红色，它的颜色在遇到光线时就会变暗。

蛋白石

蛋白石的形状多样，有块状、葡萄状、球状等。

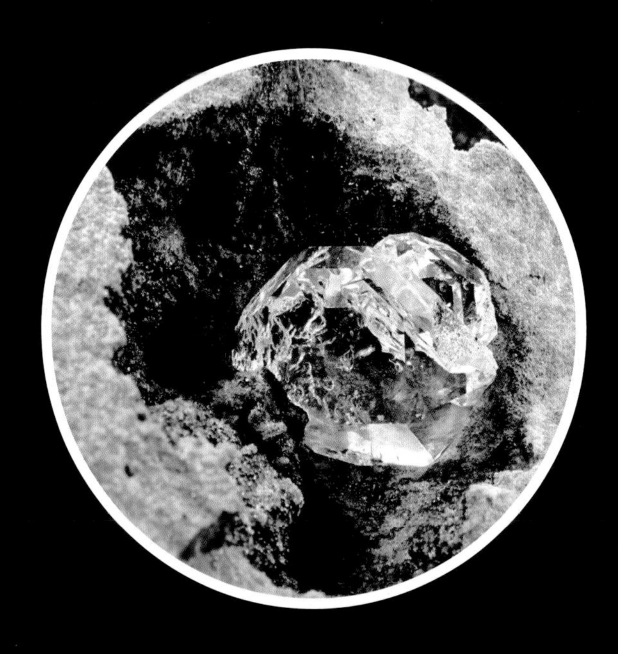

金刚石

金刚石也被称为金刚钻，是最坚硬的天然物质。

锐钛矿

锐钛矿像一个天然的小城堡。

石英

石英是最常见的矿物之一，呈六方柱状。

地下宝藏

很多宝贵的矿产资源都埋藏在地下，需要专业的人才和设备去勘探。

煤

煤被称为“黑色金子”，是重要的能源资源。

铁矿

铁是世界上发现最早、利用最广的金属。

石油

石油是“工业的血液”。

天然气

天然气是一种干净环保的优质能源。现在，我们常常用它来做饭。

铅锌矿

铅锌矿可用于电气工业、军事工业、化学工业等。

美丽的晶体

晶体在我们生活中是常见的，如食盐、水晶等。一些非常美丽的晶体是矿物，主要存在于地下。

烟水晶

烟水晶的颜色为烟灰色，主要产自非洲，以及巴西、美国等。

橄榄石

橄榄石呈淡绿色，被称为“太阳宝石”。

紫水晶

紫水晶的颜色非常美丽，含有微量的铁。

萤石

萤石可以发出奇特的光芒。

电气石

电气石在受热的时候，会产生电荷，并因此而得名。

黄铁矿

黄铁矿常被淘金者误认为黄金，所以也被称为“愚人金”。

罕见的宝石

珍贵的矿石通常具有硬度高、光泽美、不易起变化的特性。宝石因为集稀有和美丽于一身，而受到大家的喜爱。

红宝石

天然的红宝石非常稀少，但是人工合成并不难。

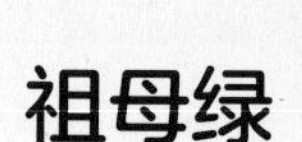

祖母绿

祖母绿是绿宝石之王，象征着仁慈、自信、善良。

黄色蓝宝石

全世界最大的一颗天然黄色蓝宝石产自斯里兰卡，重 46.5 克拉。

海蓝宝石

世界上最著名的海蓝宝石的产地是巴西。

孔雀石

天然孔雀石呈翠绿色，是一种高贵之石。

琥珀

琥珀是一种透明的生物化石，可以看见里边的昆虫或植物。

奇特的矿物

在自然界，散落着一些奇特的矿物，它们是大自然的鬼斧神工造就的！

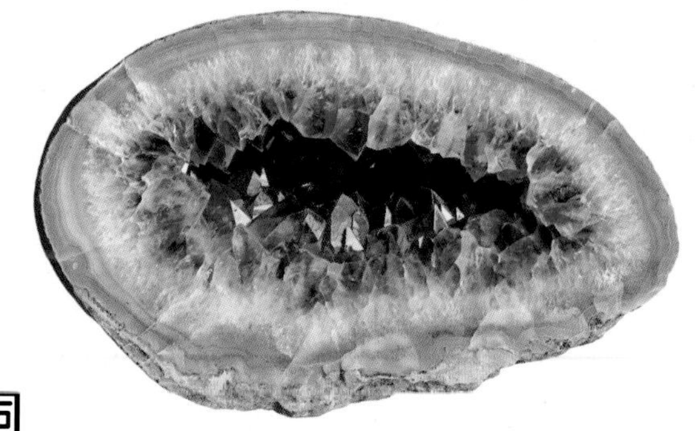

晶洞

晶洞，又名晶球。它的里边一般是水晶，外边是石灰石。

菊花石

石头中的花纹酷似菊花。

魔鬼的弹珠

魔鬼的弹珠位于澳大利亚，是一个巨大的红色石球。

挪威奇迹石

奇迹石卡在绝壁之中，离谷底有 1000 米的距离。如果有胆量站到奇迹石上，会被称为“勇者”。

波浪岩

波浪岩的形状像一排冻结了的波浪，高 15 米，长约 100 米。

大象石

与大象相似的大象石。

生命王国

地球是太阳系中唯一存在生命的星球，它有着适宜生命存在的资源和气候。地球上几乎各个角落都有生物存在，物种极其丰富。

微生物

微生物是一类微小生物的统称，它们中的绝大多数都是无法用肉眼观察到的。

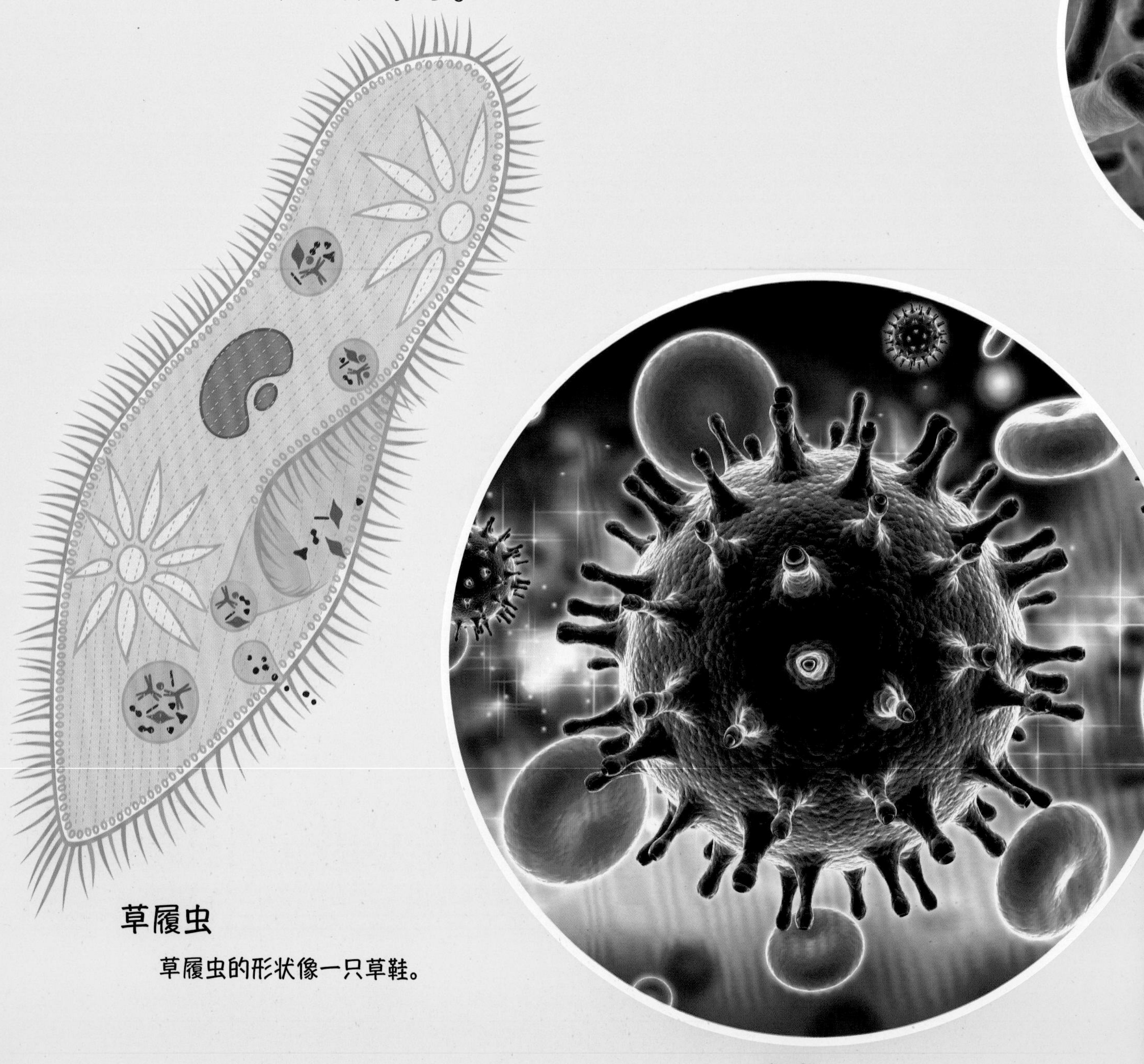

草履虫

草履虫的形状像一只草鞋。

病毒

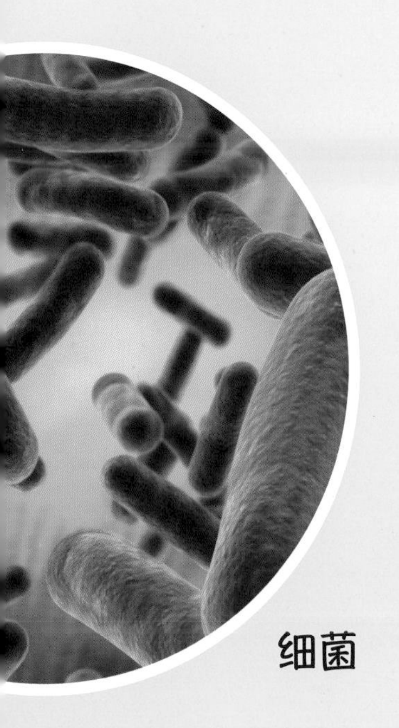

细菌

灵芝

灵芝是肉眼可观测到的微生物。

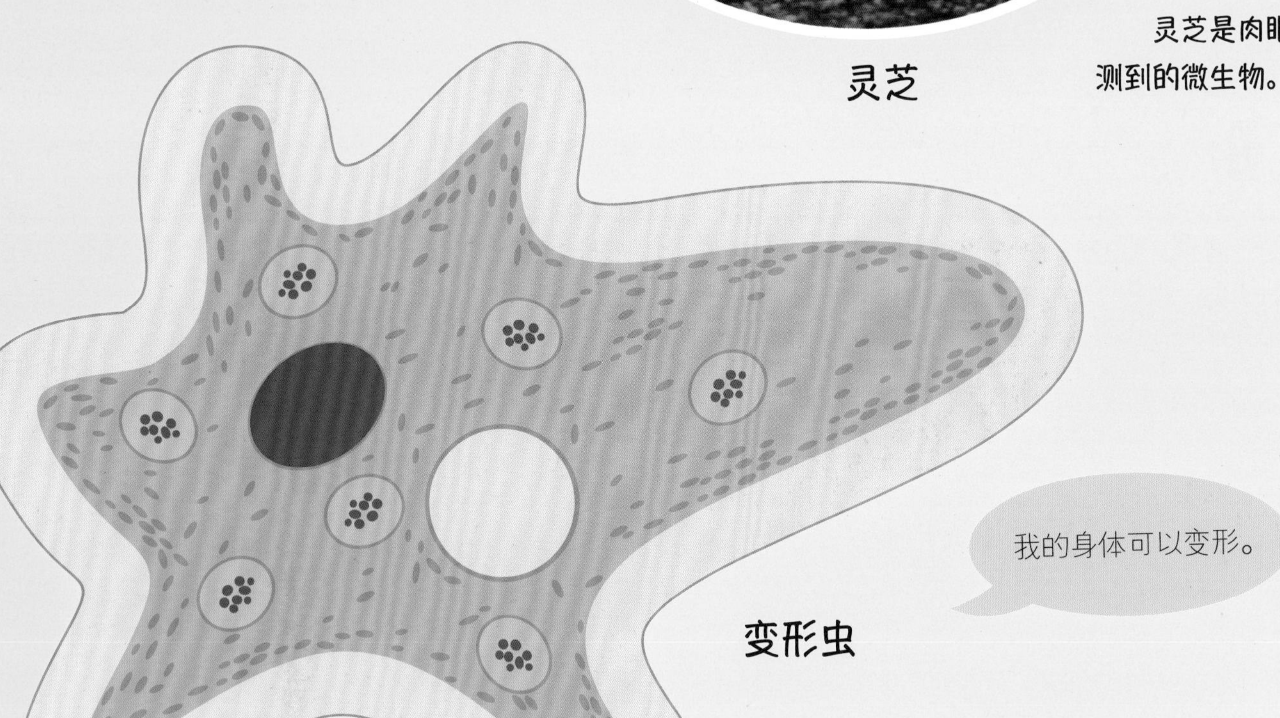

变形虫

淡水生命

淡水是一种含盐量非常低的水，我们平时所饮用的水就是淡水。地球上的淡水资源非常匮乏，但淡水生命种类非常丰富。

淡水蜗牛

巴西红耳龟

鸳鸯常常成对出现。

鸳鸯

鲤鱼

青蛙

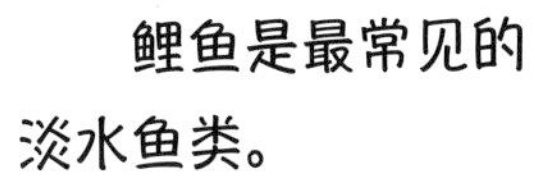

鲤鱼是最常见的淡水鱼类。

荷花生长在水塘里，亭亭玉立。

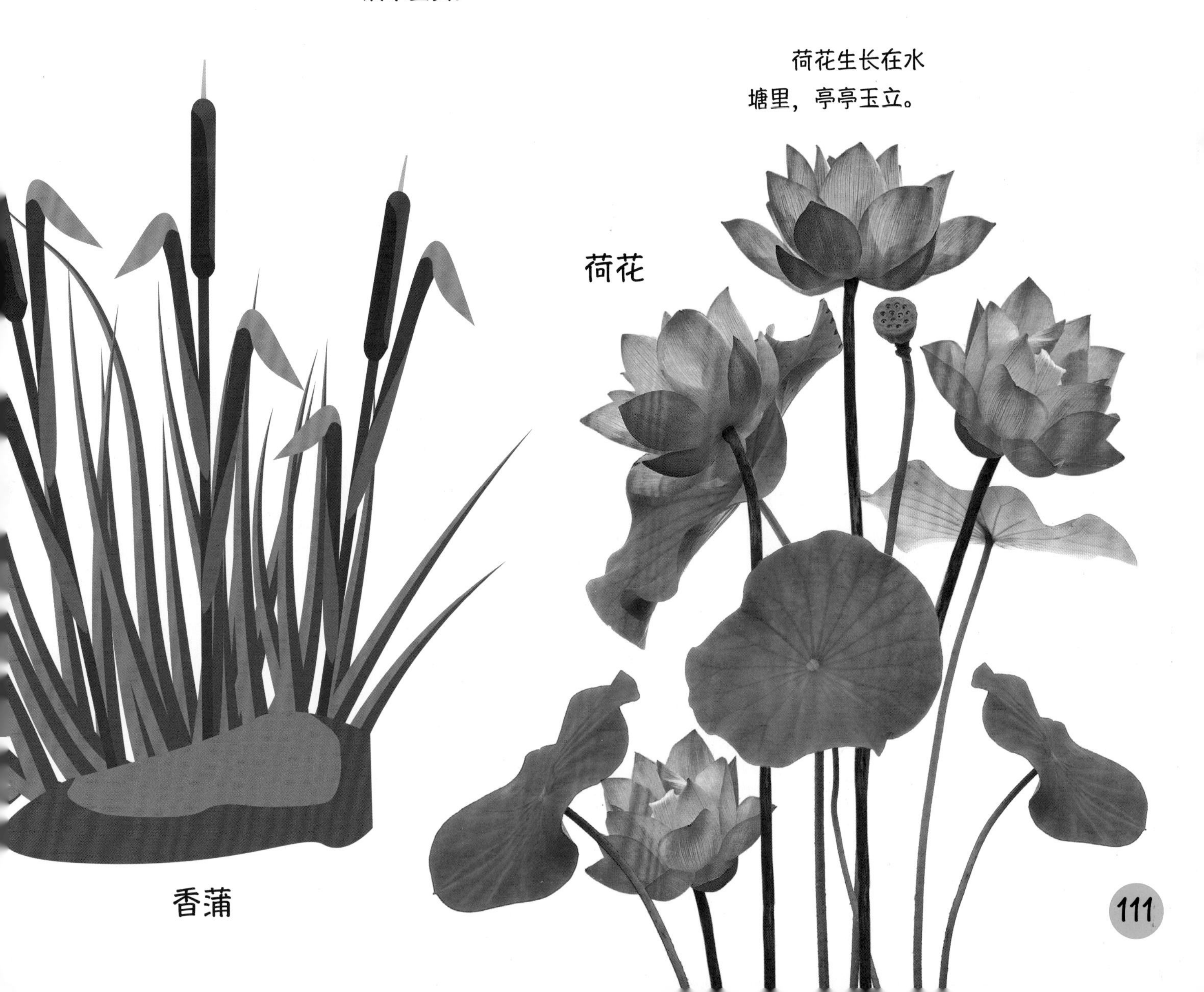

荷花

香蒲

热带雨林

热带雨林主要分布在赤道附近，那里全年高温多雨，植物茂盛，物种丰富。

亚马孙热带雨林

亚马孙热带雨林是世界面积最大、物种最丰富的雨林，被人们称为“地球之肺”。

箭毒蛙

橡胶树被人们称为“会哭泣的树”，割开树皮，就会有白色的汁液流出来。

大王花

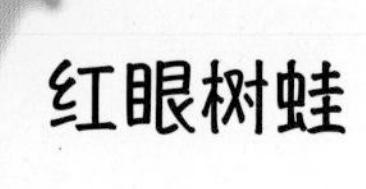

红眼树蛙

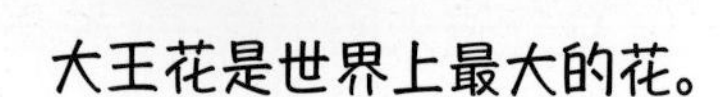

大王花是世界上最大的花。

捕蝇草的叶子像贝壳，可以夹住飞进来的小虫子，并将其消化掉。

热带草原

热带草原地势平坦开阔，树木种类较少，活跃着很多食草性动物。

东非动物大迁徙

到了草原上的旱季，草木稀疏，很多草食性动物会为了寻找食物，进行大规模的迁徙。

猎豹是陆地上奔跑速度最快的动物。

金合欢树像伞一样，有着大大的树冠。

金合欢树

猴面包树

羚羊

长颈鹿是陆地上最高的动物，可以吃到树顶的叶子。

狮子

长颈鹿

北方森林

北方有着寒冷而漫长的冬天，阳光照射时间较短，这里的生物大多演化出了一身抗寒的本领。

棕熊的毛皮厚而保暖。

冰雪覆盖的北方森林，这里气温能降到－50℃以下。

狐狸

大兴安岭
针叶林

高山生命

高山气候复杂多样，环境恶劣。那里的生物种类较少，但都很顽强！

雪莲花

雪莲花生活在高寒地区，外形像莲花。

天山

天山是我国著名的雪山，那里有 3000 多种野生的动植物，有雪莲、黄芪、金雕等。

海洋世界

在地球上，海洋面积占了70%以上，广阔的海洋孕育了丰富多彩的生命。

海草　　海龟

海洋鱼类

海洋鱼类遍布各个海域，种类多样，形态奇特。有的鱼会发光，有的鱼会发声，有的鱼颜色亮丽。

太阳花珊瑚

海参

海绵

虎鲸

小丑鱼

海马

寒冷的北极

北极地区是一个不折不扣的冰雪世界，终年寒冷，最低气温可达 - 59℃。

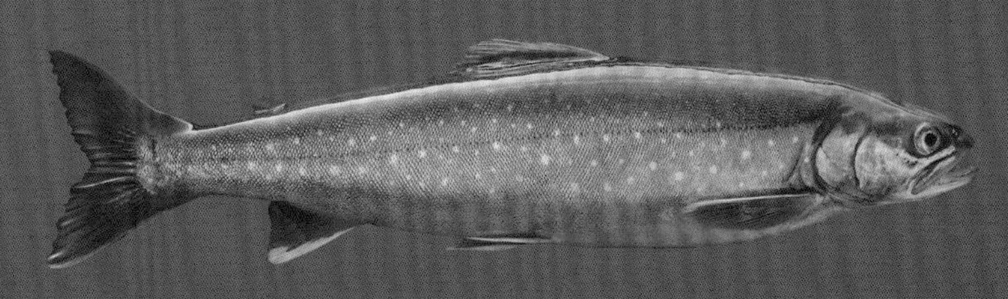

北极鲑鱼

北极燕鸥

北极地区有着厚厚的冻土，主要生长着一些苔藓和地衣类植物。

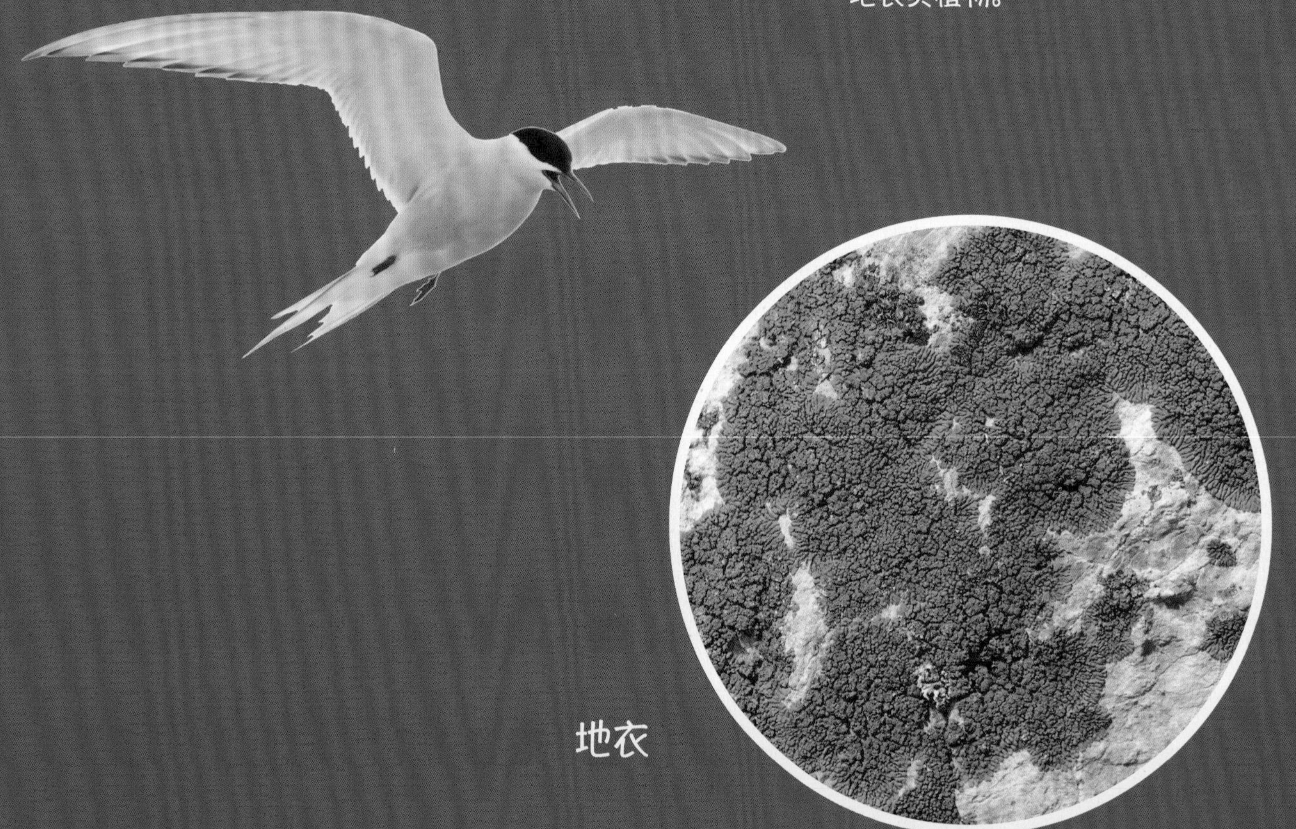

地衣

北极熊

北极狐

冰冻的南极

南极是地球上唯一没有人居住的大陆。那里天寒地冻，还常常有暴风雪，但仍有一些顽强的动物在那里生存。

巴布亚企鹅

南极磷虾

南极磷虾有生物荧光器官，可以发光。

帝企鹅是企鹅中个体最大的种类。
帝企鹅
阿德利企鹅

豹形海豹
韦德尔氏海豹
我可以潜到水下 600 米处，并能逗留 1 小时。

在农场

农场是从事农业生产和畜牧养殖的场所。

鸡

鸡蛋、鸡肉都是餐桌上常见的食物。

奶牛

我为人们提供牛奶！

玉米

玉米是高产的农作物。

大豆

大豆可以用来榨油。

小麦

小麦为人们提供面粉。

在海边

海边是很多海洋生物栖息的地方，那里常见的有海鸥、螃蟹等。

红树林的根系发达，可以在海水里生长。

沙滩上的提琴手

在涨潮的时候，雄性招潮蟹会对着潮水挥舞自己的大螯，因此被称为“沙滩上的提琴手”。

红树林

招潮蟹

海鸥是最常见的海鸟，以海边的昆虫、软体动物等为食。

蜘蛛螺

海鸥

银鸥

大西洋海雀

在空中

我们抬头仰望天空的时候，经常能够看到鸟儿和昆虫在空中自由自在地飞行。来认识一下在空中活跃的生命吧！

飞机的发明

人类很久之前就有飞向蓝天的梦想。莱特兄弟通过观察老鹰的飞行，经过三年多的努力，发明了飞机。

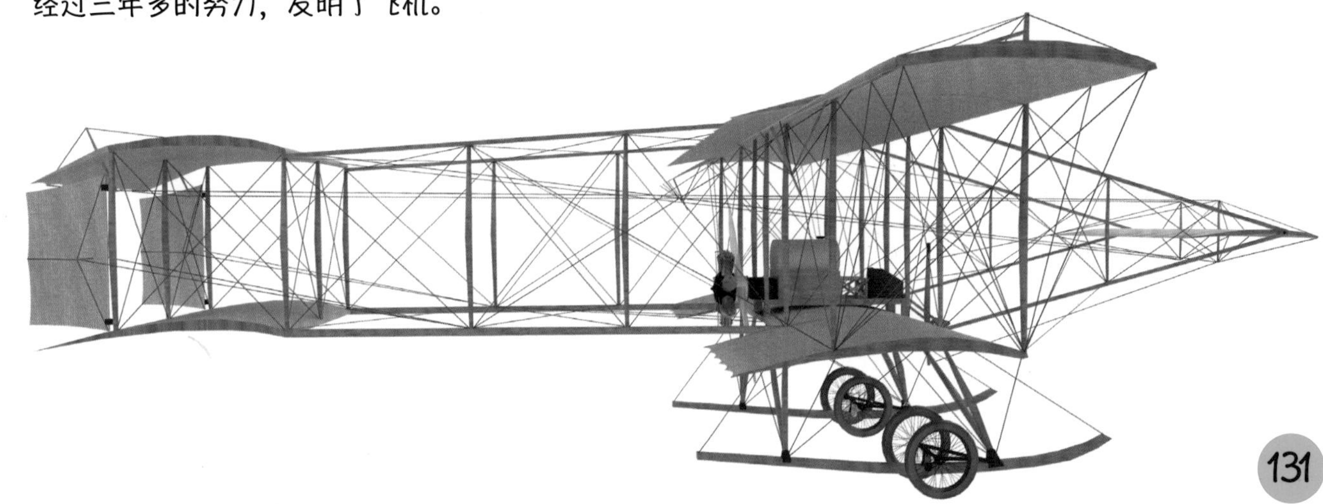

在湿地

湿地被称为“地球之肾”。它的地表经常有积水，生态环境良好，为一些动植物提供了优质的家园。

湿地之最

世界上最大的湿地是巴西中部马托格罗索州的潘塔纳尔沼泽地。

大蓝鹭

花叶芦竹

香蒲

丹顶鹤喜欢干净且开阔的湿地。

粉红琵鹭

丹顶鹤

鲸头鹳

鲸头鹳是现存的头最大的鸟，嘴巴宽大粗壮。

芦苇

在沙漠

沙漠环境恶劣，水资源极其匮乏，但当你走在沙漠中的时候，依然可以看到一些生命力顽强的动植物。

芦荟

仙人掌

侏儒猫头鹰

响尾蛇

撒哈拉沙漠

撒哈拉沙漠位于非洲北部，是世界上最大的沙漠，也是世界上最不适宜生物生存的地区之一。

百岁兰

棘蜥

蝎子

骆驼被称为“沙漠之舟”，是沙漠中常见的动物。

骆驼

可爱的宠物

有些小动物非常可爱、乖巧，深得大家的喜爱。

茶杯犬

蜜袋鼯

仓鼠

我会学主人说话。
鹦鹉
英国短毛猫
我是一只圆圆胖胖、
对人友善的猫。

人类与地球

人类历史虽然不及其他一些生物的历史长，但是人类改变了地球的样子，创造了很多文明奇迹。但人类在取得一些成果的时候，也给地球带来了环境污染。

人口

人口增长的速度越来越快。如今，世界人口已达80亿！

人类刚出现的时候，靠猎杀一些动物和采集树上的果子为食。

采集

早期人类学会取火之后，开始吃上了熟的食物。

人类学会种植农作物以后，食物来源有了保障，人口增长的速度也加快了。

我们的城市越来越拥挤了！

农业

农业是一个国家的基础产业，包括种植业、畜牧业、渔业等。随着技术的进步，农业也在走向现代化。

种植业的发展，让人们有了稳定的食物来源。

人们将原本陡峭的山坡，改造成可以种植水稻的农田。

畜牧业为我们提供肉、蛋、奶等食物。

渔业也叫水产业，生产各种各样的水产品。

现代农业越来越智能化，一个人就可以操纵大面积的农田。

工业

从家庭小作坊到机械化大工厂，工业的迅速发展为我们的生活提供了多元化的产品。

手工业

现在仍然有一些手工制造的产品，如陶器、乐器等。

机器人在参与生产。

工厂出现

机器的发明，带动了工厂的出现。

电力是现代工业的基础。

石油是现代工业发展的血脉。

第三产业

第三产业主要指的是服务业，如教育业、旅游业、餐饮业等。

教育业：使我们学习到更多的知识。

零售业：大大小小的商店让我们的生活变得便利。

餐饮业

交通运输业

医疗行业为我们的健康保驾护航。

文明奇迹

人类在地球上创造了璀璨的文明，留下了丰富的文化遗产。有些奇迹至今仍是未解之谜。

万里长城

长城是中国的象征，它像一条巨龙盘旋在群山之中。

兵马俑

兵马俑位于我国西安，是世界第八大奇迹。

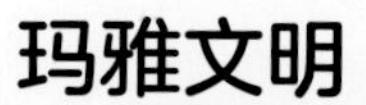

玛雅文明

玛雅文明的建筑工程达到了当时世界最高水平。

泰姬陵

泰姬陵被誉为“印度明珠”。

巨石阵

巨石阵位于英国，它的建造至今仍是个迷。

金字塔

金字塔是埃及的象征，是世界七大奇迹之一。

交通便利的城市

早在5000年前就有了最早的城市。今天，出现了很多大型城市，城市的便利性吸引了越来越多的人口。

立交桥

立交桥可以缓解城市交通拥堵的问题。

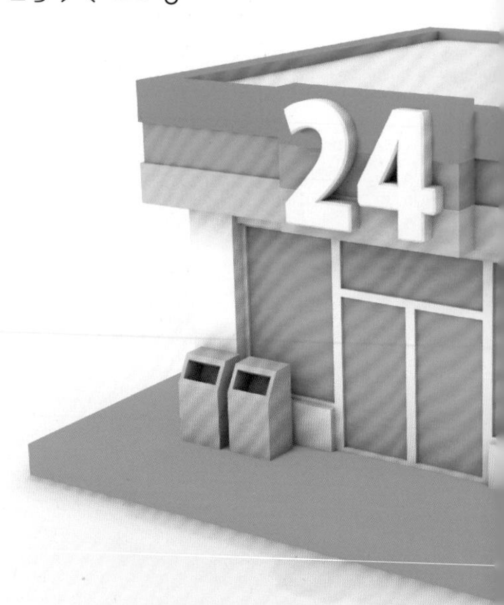

24小时营业的便利店

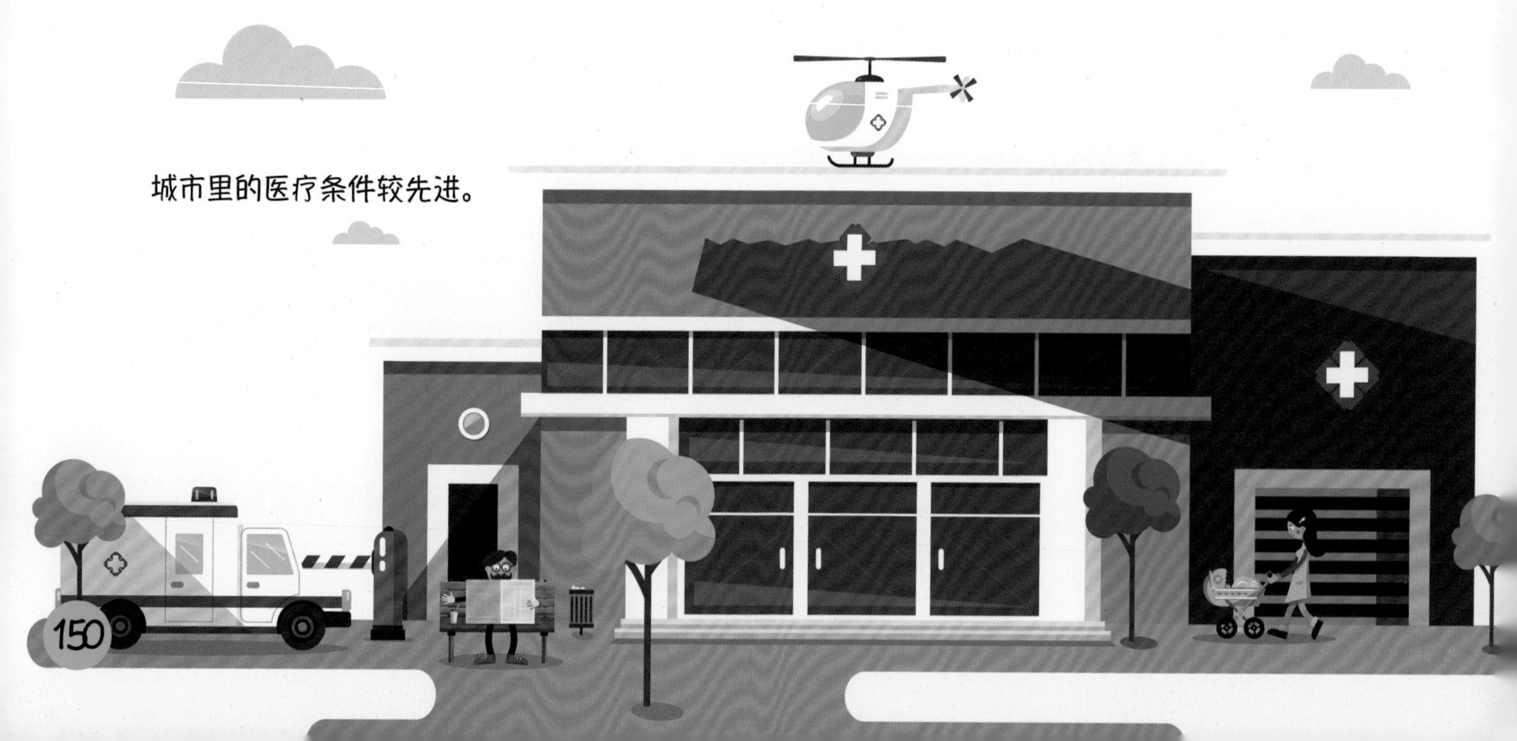

城市里的医疗条件较先进。

大型购物商场满足人们多样化的购物需求。

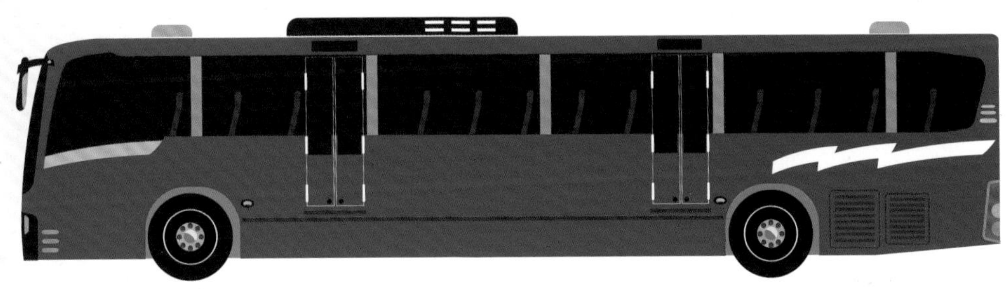

快速公交给市民的出行带来便利。

城市里有更加丰富的教育资源。

大都市

如今，越来越多的人因为工作和生活而定居在城市。城市正在变得越来越庞大！

北京是中国的首都。

上海是中国历史文化名城。

纽约是美国最大、最繁华的城市。

伦敦是英国的首都，是一个港口城市。

莫斯科是俄罗斯的首都，位置靠北，冬天寒冷而漫长。

巴黎是法国的首都，也是时尚之都，是一座浪漫的城市。

发达的交通

人们一直在努力创造更加快速、便捷的出行方式，交通工具也越来越先进。

汽车

汽车已经进入千家万户，让我们的出行变得便利。

火车

火车可以远距离地运输乘客和货物。

地铁

地铁是主要在地下运行的交通工具。

飞机

飞机是目前速度最快的交通工具。

直升机

直升机广泛应用在救援、运输、旅游等领域。

轮船

轮船主要进行远洋运输。

先进的科技

近些年来，科技迅速发展。人们创造了璀璨的科技成果，尤其是在太空和人工智能领域。

笔记本电脑

智能手机

智能手机已经成为我们生活中必不可少的工具。

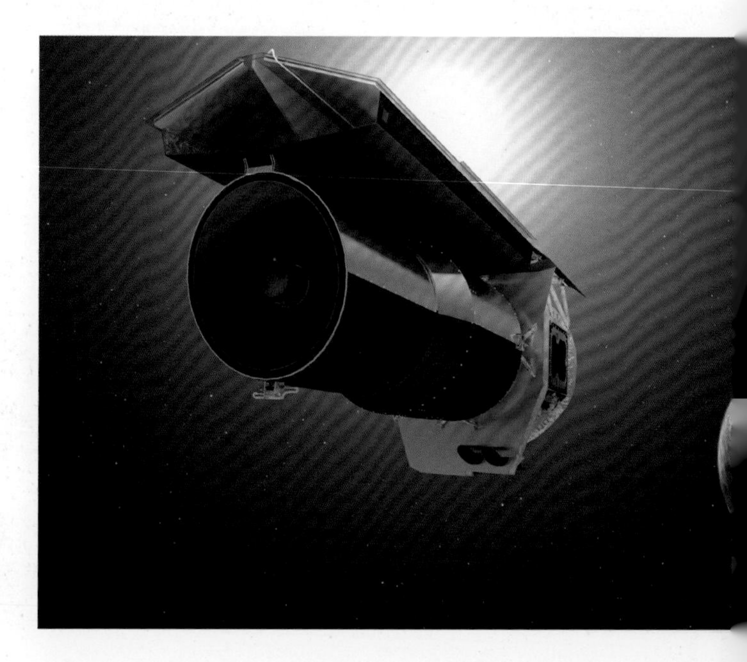

太空望远镜

太空望远镜可以帮助人们更清晰、准确地观测宇宙，是天文学上的一大进步。

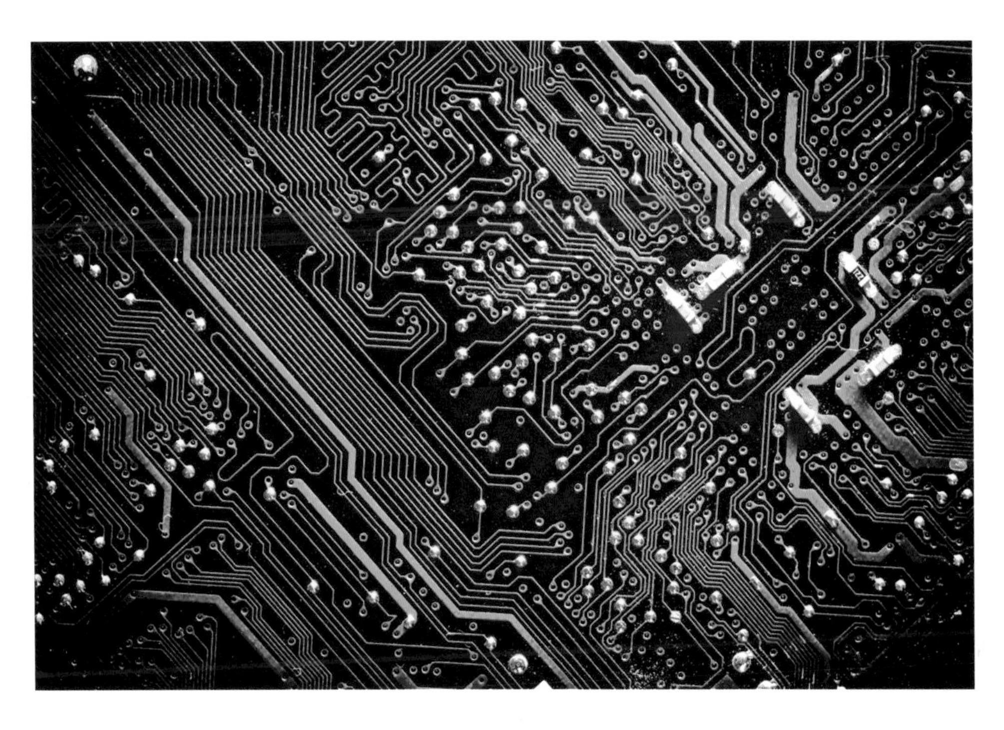

芯片

芯片是手机、电脑等电子产品不可缺少的一部分。

机器人

机器人可以在工厂完成自动化生产。

走向太空

随着科技的进一步发展，人们的探索已经深入到了太空中，从而丰富了我们对世界的认识。

加加林是第一个进入太空的人。

阿波罗 11 号

阿波罗 11 号载着人类首次登上月球。

宇宙飞船能载着宇航员和货物飞向太空，并安全返回。

航天飞机为人类自由出入太空提供了可能。

空间站

空间站可载多名宇航员在太空完成工作。

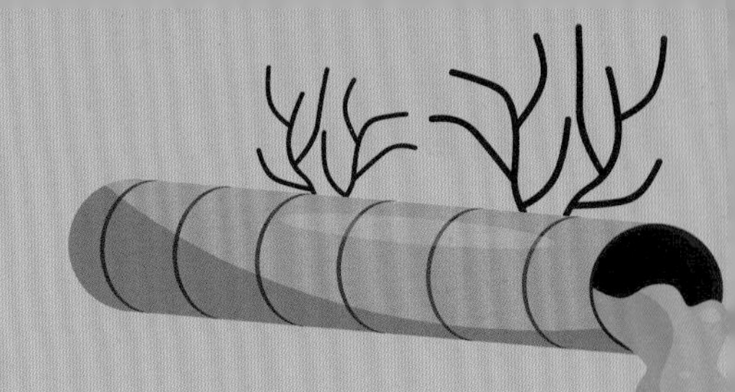

环境污染

环境污染是当今人类面临的重要问题，它对我们的健康有着很大的威胁。每个人都有义务保护我们的环境。

空气污染

人需要呼吸空气才能维持生命，被污染的空气直接影响我们的健康！

水污染

水污染使得水质变差，影响水里生物的生命。

土壤污染

土壤污染影响种植业的发展。

白色污染

白色污染就是塑料污染。塑料不容易被降解，白色污染很难防治。

危险废物标志

噪声污染

噪声会让我们感到烦躁、不舒服！

热污染

热污染会加快全球变暖的速度。

全球变暖

近一个世纪以来，化石燃料的大量使用，排放了大量的温室气体，地球越来越热。

海平面上升，淹没沿海城市。

全球温度升高，有的地区变得越来越干旱。

冰川融化，北极熊失去家园。

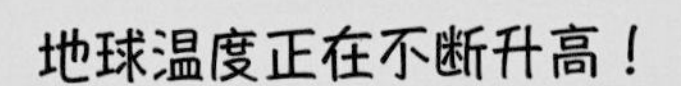

地球温度正在不断升高！

最大受害国

全球变暖，南太平洋上的美丽岛国图瓦卢很可能成为第一个“被淹没”的国家。

生物种类减少

人口迅速增长，环境不断遭到破坏，一些动植物的生存受到威胁，生物种类不断减少。

红狼曾被宣布在野外绝迹，后来又发现几只，为了加强对它们的保护，人们将其圈养繁殖。

智利柏是濒危植物。

早已灭绝的恐龙。

2018 年，世界上最后一头北部白犀牛去世。

斯派克斯金刚鹦鹉是濒临绝迹的鸟类之一。

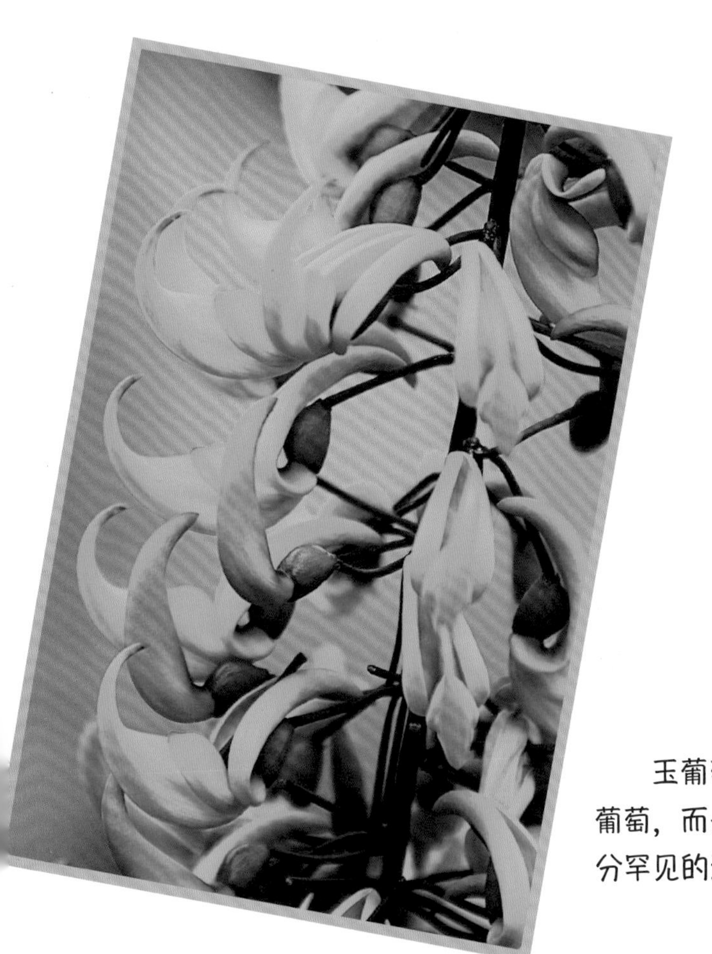

玉葡萄并不是葡萄，而是一种十分罕见的濒危花卉。

塑料垃圾

塑料垃圾已经成为世界各国最头疼的问题之一。它很难降解，给生态环境造成了极大破坏。

塑料垃圾已经在侵占海洋，给海洋生物带来了灾难。

海龟因吃到塑料瓶而死亡。

垃圾成山！

为了减少塑料垃圾，我们可以从自身做起，如购物时选择可反复使用的环保布袋。

减少一次性塑料餐具的使用！

节约用水

我们打开水龙头，干净的水就流出来了，好像不存在水资源短缺的问题。实际上，世界上有很多人面临着缺水危机。我们要节约用水！

非洲的很多地区都处于缺水状态，人们需要到很远的地方去取水。

世界水日

每年 3 月 22 日为世界水日，倡导人们节约用水。

刷牙的时候，请将水龙头关闭！

当我们看到未关闭的水龙头时，要及时将水龙头关紧，避免浪费水资源。

灌溉时，直接让水流到植物根部，可以提高水的利用率。

保护地球

地球是我们赖以生存的家园，每个人都有责任去保护它。

使用清洁能源

植树

垃圾分类

出行首选公共交通工具

图书在版编目（C I P）数据

地球那些重要的事 / 蒋庆利主编 . -- 长春 : 吉林出版集团股份有限公司 , 2020.10（2023.3 重印）
ISBN 978-7-5581-9207-4

Ⅰ . ①地… Ⅱ . ①蒋… Ⅲ . ①地球－儿童读物 Ⅳ . ① P183-49

中国版本图书馆 CIP 数据核字（2020）第 186063 号

DIQIU NAXIE ZHONGYAO DE SHI

地球那些重要的事

主　　编：蒋庆利
责任编辑：朱万军　田　璐　张婷婷
封面设计：宋海峰
出　　版：吉林出版集团股份有限公司
发　　行：吉林出版集团青少年书刊发行有限公司
地　　址：吉林省长春市福祉大街 5788 号
邮政编码：130118
电　　话：0431-81629808
印　　刷：唐山玺鸣印务有限公司
版　　次：2020 年 10 月第 1 版
印　　次：2023 年 3 月第 3 次印刷
开　　本：889mm × 1194mm　1/16
印　　张：11
字　　数：138 千字
书　　号：ISBN 978-7-5581-9207-4
定　　价：128.00 元